必携
シーケンス制御プログラム定石集 Part2

熊谷英樹=著

機構図付き

日刊工業新聞社

はじめに

　本書は、2003年に発行され、好評をいただいている『必携シーケンス制御プログラム定石集』のパート2です。前にも増して自動化機構とそれを動かす動作プログラムの定石的なつくり方を満載しました。

　前書の必携シーケンス制御プログラム定石集（パート1）では、機械装置を動作させることを目的にして、重要なプログラム構造の解説とプログラムの定石的なテクニックを掲載しました。

　本書（パート2）では、機械装置が単に動けばよいという単一的なシーケンス制御から一歩進んで、操作しやすい装置にするためのプログラムテクニックや、不良処理の方法、ロボットやインバータの扱い方など、生産現場で必要とされる実践的な内容を紹介します。

　たとえば、人が操作することを意識した制御プログラムをつくるために、操作パネルのスイッチの扱い方やランプ表示の仕方、ブザーやパトライトの使い方など、人が機械装置の状態を理解して円滑に操作できるような制御プログラムのつくり方がわかるようになっています。

　また、機械装置が順序どおりに動けばよいという機械のためのシーケンス制御にとどまらず、作業を行う対象であるワークやセンサを扱うために必要な考え方を学ぶことで、トラブルの検出や不良処理などについてのプログラムの構築方法についても理解できるようになっています。

　プログラムの中で特に注目すべき場所には「ここがポイント」の表示を付けてあります。

　第1章では、機械装置のスイッチの機能やランプの表示を使って、現場のオペレータや作業者が操作しやくなるような制御プログラムのつくり方を紹介します。

　第2章では、モータを使った機構の制御プログラムをつくるときに必要となる知識や、ワークを扱うために必要なセンサを使った制御プログラムの考え方を紹介します。

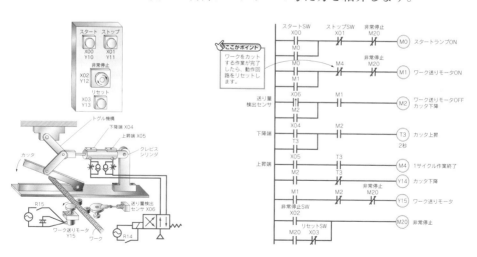

〔本書の自動化機構と動作プログラムの一例〕

第3章で述べるタイマを上手に使いこなすと、機械装置を制御するときに時間の要素を利用して、機械装置がもっている動作時間の遅れの対応やセンサがない時の処理ができるようになります。また、カウンタを使ったワークの整列処理の方法やカウンタを上手にリセットする方法を掲載しています。

　第4章では、安全に操作するためのインターロックの考え方を実際の機械装置を例にとって解説します。また、複数のユニットが同時に作業をするインデックステーブル型の自動機を例にとって、テーブルの回転と周辺の作業ユニットがぶつからないように、協調して制御するためのプログラムの定石を紹介します。

　第5章で述べる、ワークを格納したり、取り出したりするストッカーを利用した装置では、ワークを格納した信号を記憶して、取り出したときにはその記憶をリセットするプログラムの定石を掲載しています。

　第6章では、ポジションデータを指定して動作するロボットの一般的な制御方法を解説します。この中でロボットとストッカーを使ったワークの移動や、棚にセットしたりする記憶を使ったワークの情報の取り扱い方がわかるプログラムを紹介しています。

　第7章では、不良の検出と処理方法に関するプログラムを解説します。不良には、機械装置が起こす不良とワークに関する不良があります。作業をしているユニットでよく起こる不良を検出するプログラムのつくり方を解説し、不良が起きたときの処理方法について考えます。

　第8章では機械装置のシーケンス制御を行うための「5つの制御方式」を紹介します。同じ機械装置でも、制御方法によってまったくプログラム構造が異なります。5つの制御方式を習得すると、シーケンス制御プログラムを理論的につくることができるようになります。

　本書に記載されたプログラムはどれも定石といえるような基本的な制御構造をもっています。これらのプログラムを理解して使いこなすことができるようになれば、他人が書いたプログラムでも、定石に当てはめて読めるような実力がついてきます。
　シーケンス制御は行き当たりばったりの試行錯誤や、デバッグを重ねてなんとか動かせるプログラムにするものではありません。きちんと理論を学習し、プログラム構造を理解して使いこなせるようになることで、間違いのないプログラムを一発でつくることができるようになります。

　読者諸賢の日々の業務や学習に本書を役立ててもらえれば幸いです。

2015年11月

熊谷　英樹

－目次－

はじめに …………………………………………………………………………………………… 1
本書で使われている記号について ……………………………………………………………… 6

第1章　操作をしやすくするスイッチとランプの使い方

定石1　スイッチ1：1つのモメンタリスイッチで確実にON/OFFを切り替えるには
　　　　　　　　　　タイマとパルスを使う ……………………………………………… 12

定石2　スイッチ2：順序回路やデータをオールリセットするときには
　　　　　　　　　　警告する …………………………………………………………… 13

定石3　スイッチ3：角度分割機構は
　　　　　　　　　　駆動部の終端信号で制御する …………………………………… 16

定石4　スイッチ4：長押しすると誤動作の原因となる接点は
　　　　　　　　　　接点が有効になる条件を付ける ………………………………… 19

定石5　ランプ1：自動運転を停止しても機械が停止するまでは
　　　　　　　　　スタートランプを点滅しておく …………………………………… 20

定石6　ランプ2：手動操作スイッチで出力を操作したときは
　　　　　　　　　出力結果をランプ表示する ………………………………………… 24

定石7　パトライト1：機械の状態を作業者に知らせるには
　　　　　　　　　　　パトライトを点灯する ………………………………………… 27

定石8　パトライト2：注意を促すには
　　　　　　　　　　　ランプをフリッカしてブザーを鳴らす ……………………… 29

第2章　アクチュエータとセンサの機能を引き出すプログラム

定石9　モータ1：クレーンを連続運転するときには
　　　　　　　　　ストップスイッチを付ける ………………………………………… 34

定石10　モータ2：末端減速メカニズムは
　　　　　　　　　回転軸の死点で止める …………………………………………… 37

定石11　モータ3：コンベア上で作業をするときは
　　　　　　　　　作業ユニットの動作中信号でコンベアを停止する ……………… 39

定石12　モータ4：コンベア上の作業では
　　　　　　　　　コンベアモータの停止条件をつくって制御する ………………… 42

定石13　モータ5：三相交流モータを速度制御するには
　　　　　　　　　インバータを使う ………………………………………………… 44

定石14　センサ1：センサが使えない場所では
　　　　　　　　　ワークセット信号を使う ………………………………………… 46

定石15　センサ2：ワークの到着は
　　　　　　　　　センサの立ち上がりパルスを使う ……………………………… 48

定石16　センサ3：ワークがいつ来るかわからない装置は
　　　　　　　　　ワーク到着信号をサイクルスタートにする ……………………… 50

| 定石 17 | センサ4：パレット上にワークがないときには
作業をせずにパレットを次に送る……………………………………53 |
| 定石 18 | センサ5：センサを2個使った高さチェックは
センサ信号の組合せをつくる…………………………………………56 |

第3章 タイマとカウンタを使いこなす

| 定石 19 | タイマ1：センサが不安定なときの連続運転は
センサと時間経過で止める……………………………………………62 |
| 定石 20 | タイマ2：ワーク持ち上がり防止のワーク押さえは
時間をずらして動作させる……………………………………………64 |
| 定石 21 | タイマ3：シリンダをストロークエンドまで動作させるには
タイマを使う……………………………………………………………66 |
| 定石 22 | タイマ4：長い時間を計測するには
タイマとカウンタを組み合わせる……………………………………70 |
| 定石 23 | タイマ5：時間を計測し直すときは
タイマの入力をいったんOFFにする…………………………………72 |
| 定石 24 | カウンタ1：モータの出力軸の回転回数をかぞえるには
カウンタを使う…………………………………………………………74 |
| 定石 25 | カウンタ2：カウンタをカウンタ自体の接点でリセットするには
リセット回路をコイルの直前に記述する……………………………76 |
| 定石 26 | カウンタ3：整列個数のカウントは
ワークの移動完了信号を使う（姿勢制御型の場合）………………79 |
| 定石 27 | カウンタ4：整列個数のリセットは
整列したワークの送出し完了信号を使う（状態遷移型の場合）………83 |

第4章 インターロックとインデックス

| 定石 28 | インターロック1：インターロックは
片側優先・先入優先・停止優先を使い分ける………………………90 |
| 定石 29 | インターロック2：裏返しユニットがぶつからないようにするには
インターロックをかける………………………………………………92 |
| 定石 30 | インデックス1：インデックステーブルの1回転停止は
4つの制御型を使い分ける……………………………………………98 |
| 定石 31 | インデックス2：インデックステーブル型自動機は
テーブルの位置決め完了信号で作業を開始する……………………101 |

第5章 ワークセット信号の扱い方

| 定石 32 | ストッカー1：棚に格納したワークの有無信号は
SET/RST命令でON/OFFする…………………………………………104 |
| 定石 33 | ストッカー2：パレタイザ型ストッカーは
パレット交換完了信号をつくって制御する…………………………106 |

| 定石34 | ストッカー3：棚へ格納する順序は
ワークセット信号でつくる……………………………………… 109 |
| 定石35 | ストッカー4：棚から取り出す順序は
ワークリセット信号でつくる…………………………………… 113 |

第6章　ロボットを制御するプログラム

| 定石36 | ロボット1：1軸ロボシリンダは
ポジション選択とストローブ信号で制御する………………… 118 |
| 定石37 | ロボット2：ロボシリンダの移動完了を検出するには
ビジー信号を使う………………………………………………… 121 |
| 定石38 | ロボット3：ワークを棚に置いた信号は
SET命令で記憶して取り出したらRST命令で消去する………… 125 |

第7章　不良検出と不良処理のプログラム

| 定石39 | 不良処理1：作業が開始できない不良を検出したら
オペレータを呼ぶ………………………………………………… 130 |
| 定石40 | 不良処理2：作業中の不良信号は
装置の状態信号を使う…………………………………………… 135 |
| 定石41 | 不良処理3：コンベアで送ったはずのワークがなくなったときは
タイマで処理する………………………………………………… 140 |

第8章　順序制御のための5つの制御方式

| 定石42 | 制御方式1：とりあえず動かしてみるならば
パルス制御型を使う……………………………………………… 144 |
| 定石43 | 制御方式2：リミットスイッチがない作業ユニットは
時間制御型で動かす……………………………………………… 148 |
| 定石44 | 制御方式3：機械の姿勢をリミットスイッチで特定できれば
姿勢制御型で動かせる…………………………………………… 154 |
| 定石45 | 制御方式4：イベント制御型は
動作中信号をスタート条件に追加する………………………… 161 |
| 定石46 | 制御方式5：きっちり順序制御をつくるには
状態遷移型を使う………………………………………………… 165 |

各定石の実機例とシミュレーション画面
その①……………………………………………60
その②……………………………………………88
その③……………………………………………116
その④……………………………………………128

索　引………………………………………………………………………………… 173

本書で使われている記号について

　本書では、本来の目的であるPLCのプログラムを説明するために必要な電気回路図をシステムごとに記載しています。電気回路図はPLCの入出力ユニットの配線図として、図1の例のように記述されています。図1のPLC配線図は、実際には図2のような配線になっていることを意味しています。一般的にはDC電源としてスイッチングレギュレータが使われていますが、図1では簡易的に電池の記号を配置した図にしてあります。

　外部配線を接続するのは入力ユニットと出力ユニットですから、PLCのそのほかの部分は記述していません。入出力ユニットの配線図から得られるもっとも重要な情報は、PLCの入力と出力の何番のリレー端子にどの機器が接続されているのかということです。その接続したリレー番号を使ってPLCプログラムをつくってあります。

　次に入力ユニットの配線を見てみましょう。この例では入力ユニットのX00に押しボタンスイッチが接続されていることがわかりますから、この押しボタンスイッチが指で押されると、入力リレーX00のコイルがONすることになります。この時に、PLCの入力端子に接続されているのが、押しボタンスイッチのa接点なのかb接点なのかがわからないと制御プログラムを記述できないので、接点の状態も記述されています。

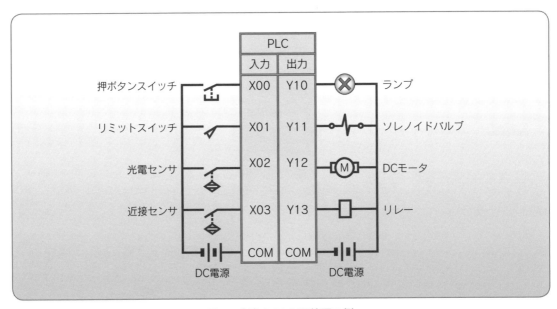

図1　本書のPLC配線図の例

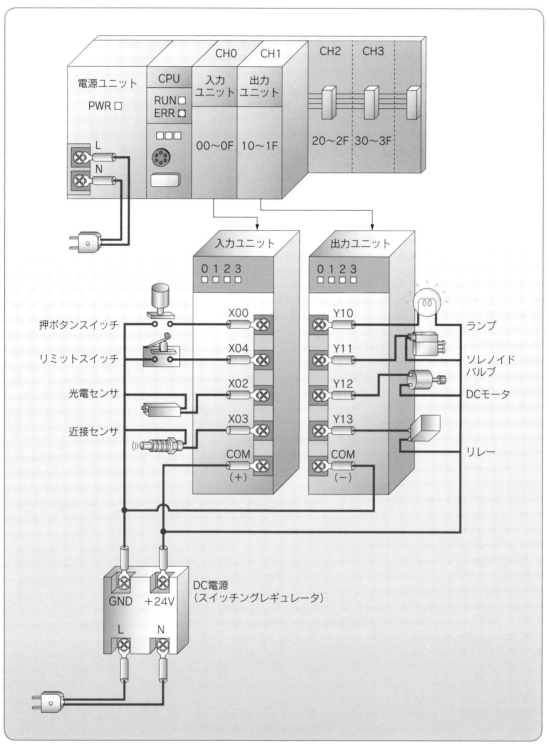

図2 実際の配線図

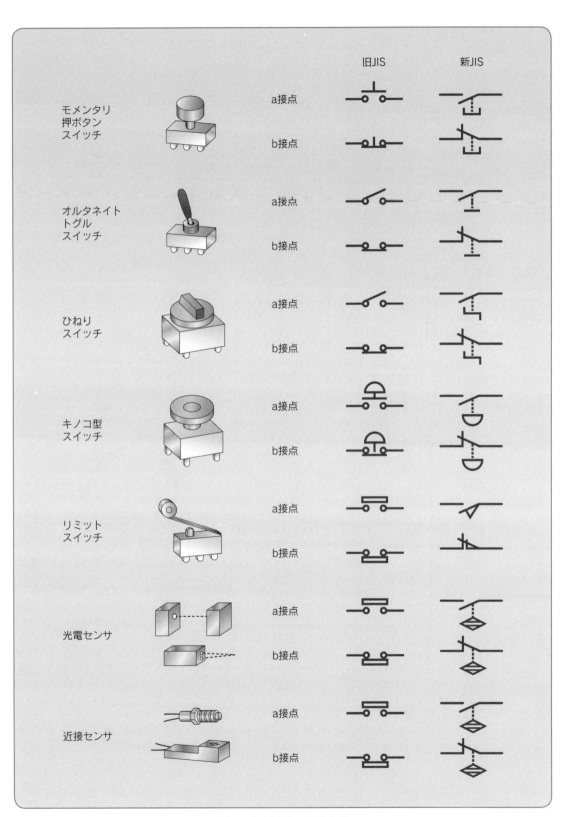

図3　入力要素の記号表現

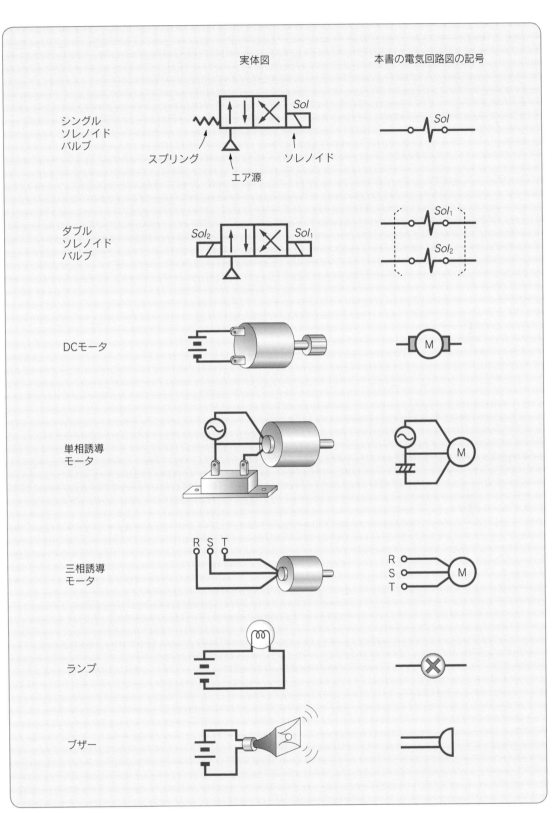

図4　出力要素の記号表現

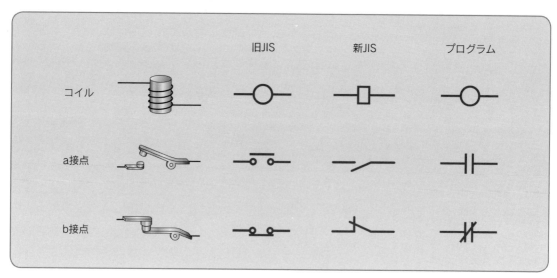

図5　リレーの記号

　また、図3に記載したようにスイッチの種類によって接点の動作が異なってくるので、どのような種類のスイッチが使われているのかという情報もこの配線図から読み取れるようになっています。図1のX00では、指でスイッチを押している時だけONになるモメンタリ型の押しボタンスイッチが接続されていることを示しています。このスイッチが、トグルスイッチのように、スイッチをいったん押したら押されたままになるオルタネイト型のスイッチであれば、プログラムはそれに対応したものにする必要が出てくるでしょう。このように、電気配線図は機器を単純にどこに接続するのかが記載されているだけでなく、それ以外にも重要な情報を提供しているのです。

　本書で使っている出力要素の記号は図4のようになっています。空気圧シリンダを駆動するソレノイドバルブの配線では、空気圧回路がほとんどで電気回路上はソレノイドしか記載されません。ソレノイドによって動作するシリンダを特定するには機械装置のシステム図に記載された空気圧回路を見る必要があります。

　本書で扱うモータとしては、DC24Vの電源で駆動されるDCモータ、単層AC100Vで駆動される単層誘導モータ、三相AC200Vで駆動される三相誘導モータの3種類が使われています。制御に使うリレーのコイルと接点は図5のように記述されています。PLCのプログラムで使うリレーとプログラムの中のリレーは記述の仕方が異なるので注意してください。

第1章

操作をしやすくするスイッチとランプの使い方

機械装置のスイッチの機能やランプの表示を使って、現場のオペレータや作業者が操作しやすくなるような制御プログラムのつくり方を紹介します。

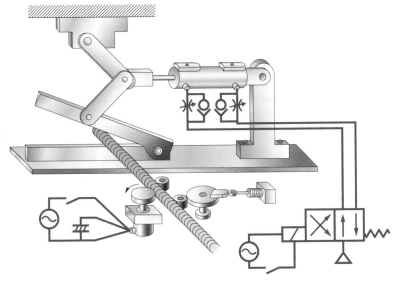

スイッチ1 定石1 1つのモメンタリスイッチで確実にON/OFFを切り替えるにはタイマとパルスを使う

1つのスイッチで出力のON/OFFを制御をする場合、入力のパルス信号を使うことがあります。このときにスイッチがチャタリングを起こしたりノイズが入ったりすると、切ったはずの信号が切れていなかったり、思わぬトラブルの原因になることがあります。このようなケースでは、スイッチ入力信号をタイマで延長して短いノイズを消してからタイマの接点を使ってパルス出力をつくるようにするとトラブルが解消されます。

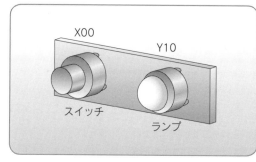

図1　システム図

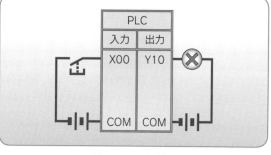

図2　PLC配線図

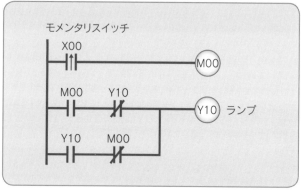

図3　スイッチを押すたびにランプがON/OFFする

1つのモメンタリスイッチでランプの点灯と消灯をするプログラムは、スイッチ入力をパルスにして図3のようにつくることができます。しかしながら、モメンタリスイッチがときどきチャタリングを起こして入力信号が安定しないとうまく切り替わらなくなることがあります。

この場合は図4のように入力に短い時間のタイマを入れてタイマの出力をパルスにしてランプを切り替えるようにします。

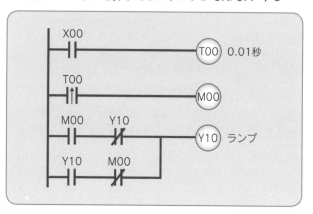

図4　タイマとパルス使ったプログラム

ここがポイント

この例では0.01秒よりも短いノイズやチャタリングには反応しなくなるので動作が安定します。タイマT00の設定値を長くしすぎると、操作したときにスイッチが故障したような違和感が出るので注意が必要です。

スイッチ2

定石2 順序回路やデータをオールリセットするときには警告する

リセットボタンを長押しして、PLCのメモリや自己保持回路を解除することは時どき行われます。リセットをするためには作業者が十分に長い時間リセットボタンを押していなくてはなりません。リセットランプを点滅するなどして、作業者がいつまでリセットボタンを押していればよいのかを知らせて確実にリセットできるようにします。また、リセットを実行する直前になったら点滅を早くするなどすれば、本当にリセットしてもよいのかを作業者が再確認する警告の効果ももたせることができます。

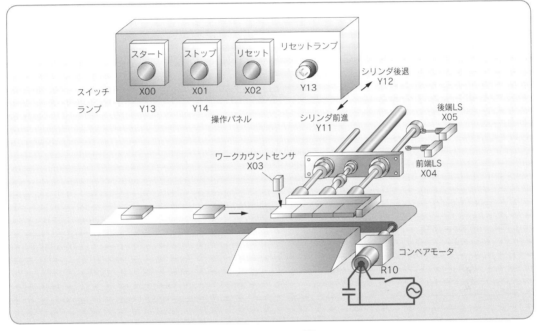

図1　システム図

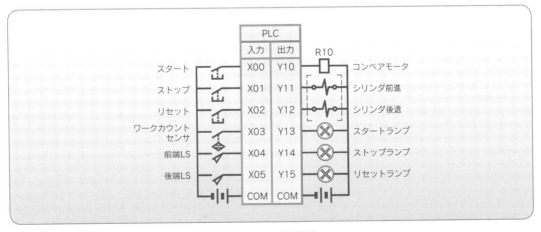

図2　PLC配線図

定石2 順序回路やデータをオールリセットするときには警告する

　図1の装置はコンベア先端でワークを4個ずつ並べてシュートに落とす作業を行っています。並んだワークの数はワークカウントセンサの立下りパルスを使ってカウンタで数えています。
　PLCの配線図は図2のようになっているものとします。
　カウンタの値が4になると、コンベアを停止してシリンダを前進して4つのワークをシュートに排出します。
　図3が制御プログラムですが、時どきワークがコンベアとシュートの間にはさまって動けなくなったり、ワークが倒れたりするので、そのときには、途中で止まっている順序回路とカウンタの値をすべてリセットして最初からやり直します。
　このオールリセットは、リセットボタンを8秒以上長押しすると実行するようになっていますが、誤操作をさけるため、リセットボタンを押しはじめて5秒するとリセットランプが点滅して、さらに3秒経つとリセットランプが点灯したままになって、順序回路とカウンタのデータがオールリセットされたことがわかるようになっています。

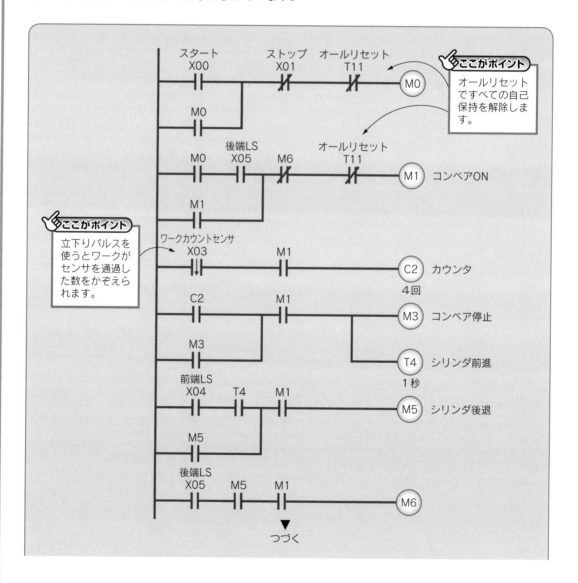

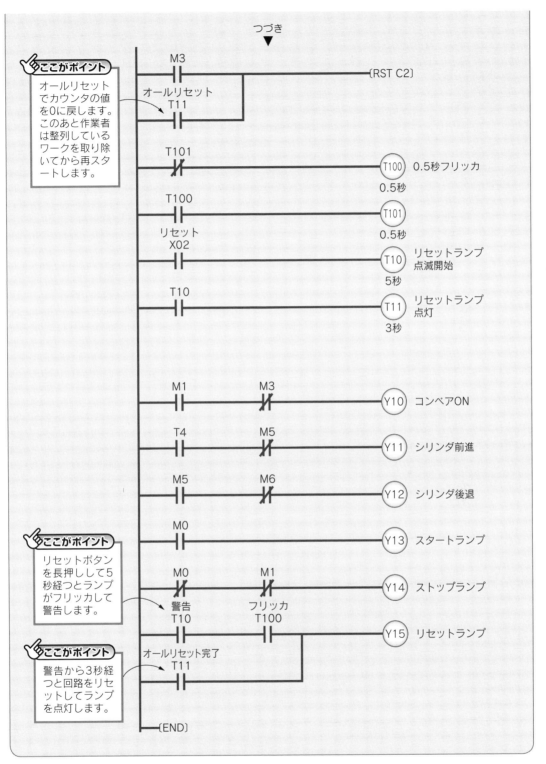

図3　制御プログラム

スイッチ3 定石3　角度分割機構は駆動部の終端信号で制御する

角度分割機構のような終端で減速するメカニズムを使った機構では、減速した部分の終端の信号を使って停止すると動きが小さいので精度よく停止できません。この機構を動かしている駆動部は減速した時にも大きい動作をするので、駆動部にリミットスイッチを付けて停止位置を検出するようにします。ここでは、パルス制御型、自己保持による制御、イベント制御型、状態遷移型による制御プログラムを紹介します。

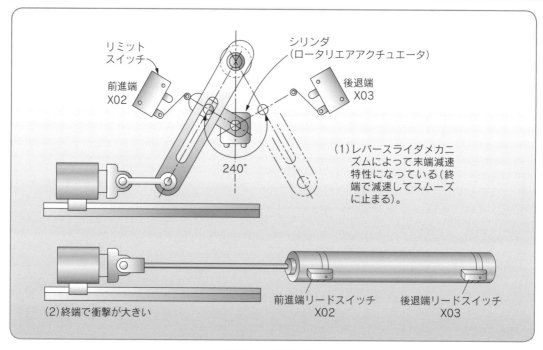

図1　システム図

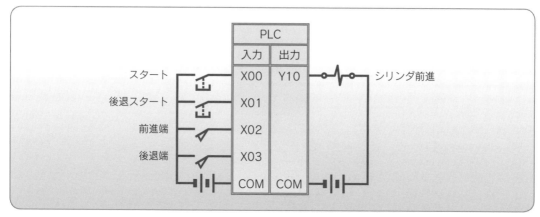

図2　PLC配線図

図1（1）の装置はロータリエアアクチュエータとスライダ付レバーを使った往復運動機構です。ロータリエアアクチュエータは240°往復回転します。ロータリエアアクチュエータの回転出力軸が0°のときと240°のときの信号をリードSWで検出します。

図1（2）の装置と制御上のプログラムはまったく同じになりますが、停止時に減速してスムーズに停止するのは（1）の方です。シリンダの取付けや運動特性を考えて、往復運動の駆動系を選択します。

この往復運転をいくつかの方法で制御してみましょう。

（1）パルス制御型プログラム

スタートパルスで前進して前進端LSのパルスで後退します。

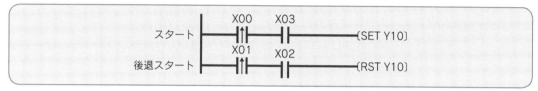

図3　パルスとセット・リセットを使ったプログラム

（2）自己保持による制御プログラム

図4　自己保持回路を使ったプログラム

（3）イベント制御型プログラム

M1→M2→M3→M4の順に1つずつONしてゆきます。M1からM2に状態が移ると、M1はOFFになります。動作中にはM1～M4のいずれかしかONしません。

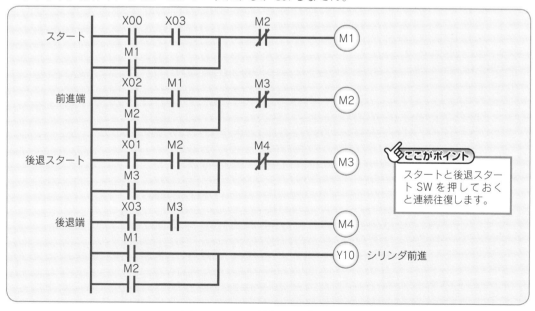

図5　イベント制御型のプログラム

定石 3　角度分割機構は駆動部の終端信号で制御する

(4) 状態遷移型プログラム

(a) 状態遷移型（ノーマルタイプ＝図6）
　M1→M2→M3→M4 の順に ON したままになり、1サイクルが終わるとき、M1～M4 の全リレーが ON になります。

(b) 状態遷移型（リセットタイプ＝図7）
　M1→M2→M3 の順に自己保持になり、サイクル終了のリレーM4 が ON すると、M1～M3 の自己保持が解除されて初期状態に戻ります。

(c) 状態遷移型（マスタータイプ＝図8）
　M1→M2→M3→M4 の順に自己保持になります。M1 がマスターコントロールリレーになっていて M1 の自己保持を解除することで初期状態に戻ります。M4 は終了信号として使うこともあります。

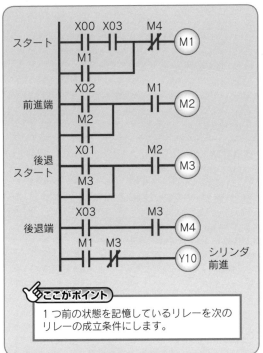

ここがポイント
1つ前の状態を記憶しているリレーを次のリレーの成立条件にします。

図6　状態遷移型（ノーマルタイプ）

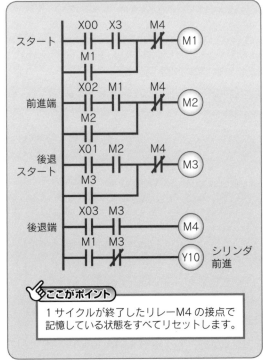

ここがポイント
1サイクルが終了したリレーM4 の接点で記憶している状態をすべてリセットします。

図7　状態遷移型（リセットタイプ）

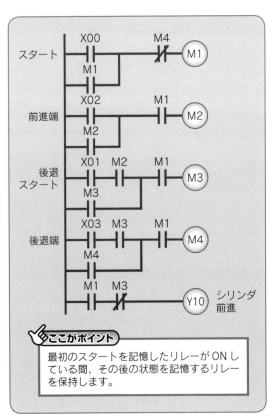

ここがポイント
最初のスタートを記憶したリレーが ON している間、その後の状態を記憶するリレーを保持します。

図8　状態遷移型（マスタータイプ）

スイッチ 4

定石 4

長押しすると誤動作の原因となる接点は接点が有効になる条件を付ける

スタートスイッチを長押ししたり、動作タイミングが変わったりしたときに、誤動作をする場合があります。この時には、スイッチが有効になる条件を付け加えたり、スイッチの信号をパルスにすることで、誤動作を修正することができます。

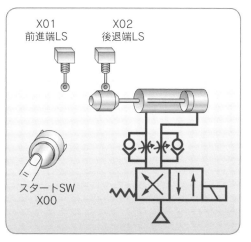

図1　システム図

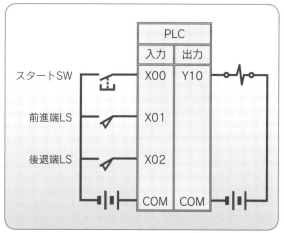

図2　PLC 配線図

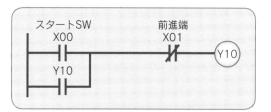

図3　誤動作をするプログラム

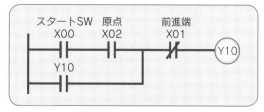

図4　スタート SW の入力条件を付けたプログラム

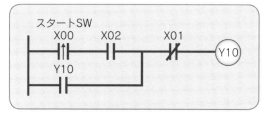

図5　長押しが影響しないプログラム

ここがポイント

人が操作するスイッチは、いつどのように押されても誤動作しないようにスイッチが有効になる条件を付けます。

図3のプログラムの場合、スタート SW を長押しすると、前進端でキツツキのように ON/OFF をくり返します。

図4のように、原点にいるときにしかスタートしないようにすると改善できます。スタート SW を押し続けると何度も往復を繰り返します。

図5のようにすると、スタート SW を押したままにしても、スタート SW を1回押すごとに1往復で停止します。

ランプ 1　定石 5

自動運転を停止しても機械が停止するまではスタートランプを点滅しておく

自動機のランプ表示は機械の動作状態を作業者に知らせるために使われます。ストップスイッチを押したからといって機械はすぐには停止せずにサイクル停止を行います。完全に停止していない機械に、作業者が手を出すと事故になりかねません。そこで、ストップスイッチが押されても、機械が完全に停止するまではスタートランプを点滅するなどして、機械の動作が完了していないことを作業者に知らせるようにしておきます。

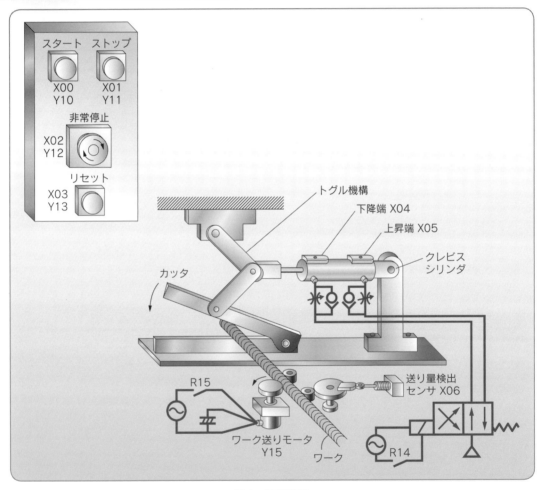

図1　切断装置

　図1はワークを一定寸法に切断する装置です。PLC配線図は図2のようになっています。スタートSWを押すと、ワーク送りモータが回転してワークをカッタの方向に送り出します。送り量検出センサが1回転を検出したところでモータを停止します。
　これでワークが定位置にセットされたので、クレビスシリンダを前進してトグル機構で増力されているカッタを下降します。下降端で2秒経過したら上昇して1回の作業を完了します。
　この動作プログラムは、状態遷移型を使って図3のようになっているものとします。

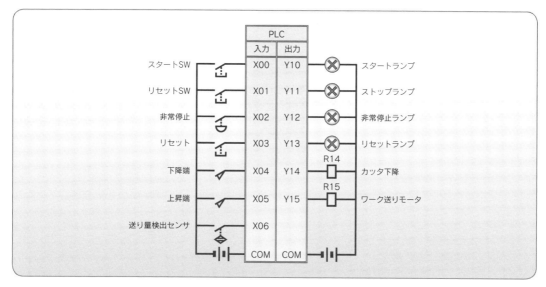

図2　PLC配線図

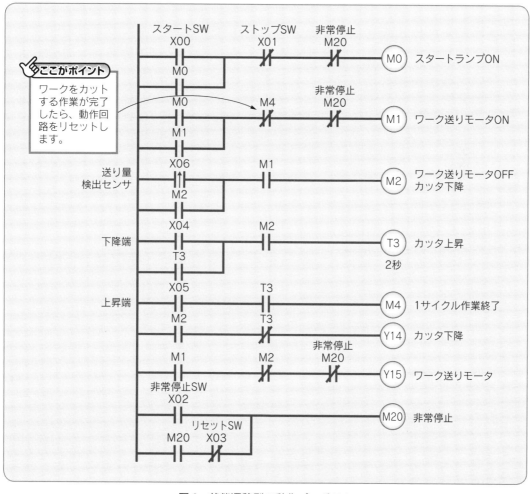

図3　状態遷移型の動作プログラム

定石5　自動運転を停止しても機械が停止するまではスタートランプを点滅しておく

　ランプは、操作者に機械の状態をわかりやすく表示する役割をもっているので、単に点灯するだけでなく、中途半端な状態で停止しているときなどには点滅するなどして知らせるようにします。ランプ表示部のプログラムはたとえば図4のように書くことができます。

　図4の①の部分では自動スタートM0がOFFになっても、ユニットが動作中のときはスタートランプを点滅するようにしてあります。切断ユニットの開始リレーはM1ですから、M1がONしているときは切断作業をしているときになります。自動スタートM0がOFFになったときにスタートランプを消してしまうと、操作者は機械が停止していると思って、カッタに手を入れてしまうかもしれません。スタートランプを点滅させて、ユニットが動作中であることを知らせます。

　図4の②の部分はストップランプですが、自動スタートM0が切れたことを知らせるために、M0のb接点で点灯するようにしています。①と②とは逆に図5のようにすると、自動スタートが切れた時にスタートランプが消灯して、ユニットの動作中はストップランプが点滅するようになります。

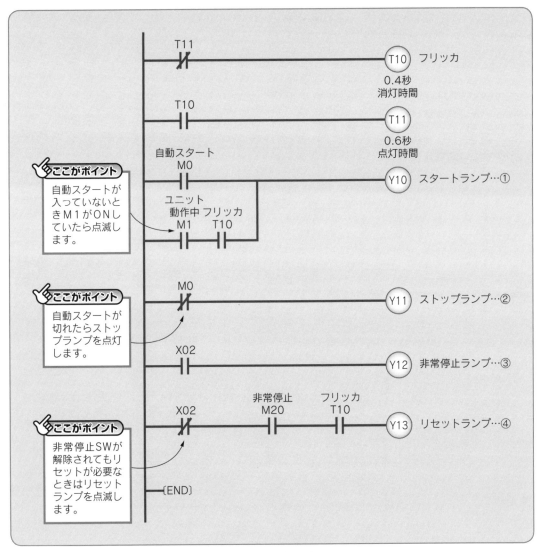

図4　ランプ表示部

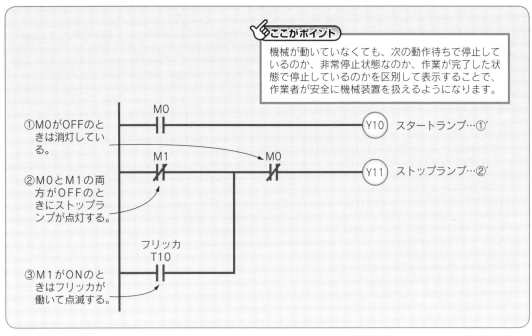

図5 ストップランプを点滅する

図4の③と④の非常停止部は、非常停止スイッチのロックを解除しても M20 が自己保持になっていて、リセットスイッチ X03 を押さないと非常停止信号を消すことができません。

非常停止スイッチのロックが解除されて X02 が OFF になっても、非常停止リレー M20 が ON のときには、リセットランプ Y13 をフリッカして、リセットスイッチを操作する必要があることを知らせています。

写真1には、この切断装置のシステムを『メカトロニクス実習システム MM3000 シリーズ』を使って構成した例を示します。また、**画面1**は技術五輪にも採用されているメカトロシミュレータ MSV2 によるシステム構成例です。本書ではこれらのシミュレーション機能を使ってプログラムの検証を行っています。

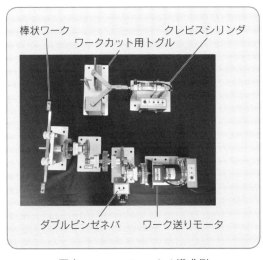

写真1　MM3000 による構成例

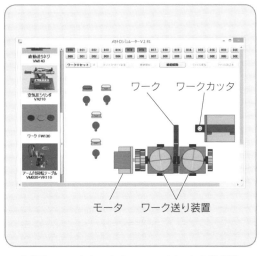

画面1　メカトロシミュレータによる構成例

ランプ 2

定石 6

手動操作スイッチで出力を操作したときは出力結果をランプ表示する

出力を1点ずつ操作する手動スイッチで、機械の特定部分を操作する場合、操作した状態をランプで表示するようにします。作業者がランプ表示を見ることで、機械をどのように操作したのかがわかるようにしておきます。

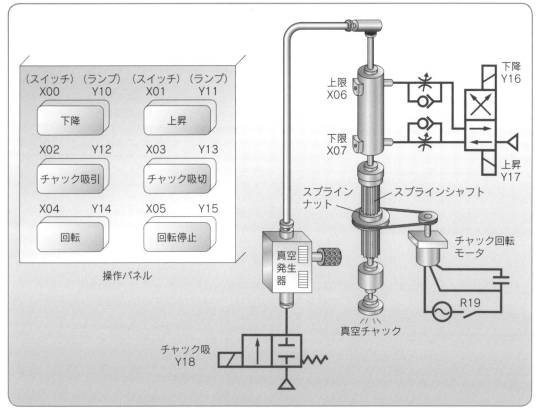

図1　システム図

　機械装置は自動運転で連続的に動かすだけでなく、調整やメンテナンスのときには、1つひとつのアクチェータを単独で操作することがあります。手動で装置の各部を動かすには、各部分の出力一点一点について、スイッチを配置します。1つの出力を操作したら、機械の姿勢が変化します。その変化をスイッチに割付けたランプに表示すると、手動スイッチを操作したことで機械がどのような姿勢に変化したかを操作する人がわかるようになります。

　さらに、機械の原点となる側を操作パネルの右側の列に揃えておくと、手動ランプを一目見ただけで機械原点が出ていることがわかるようになります。

　図1のシステムは真空チャックをシリンダで上下して、さらにチャックをモータで回転できるようになっています。PLC配線図は図2のとおりです。

　上昇下降のシリンダはダブルソレノイドバルブで動作しています。シリンダのピストンは中空の

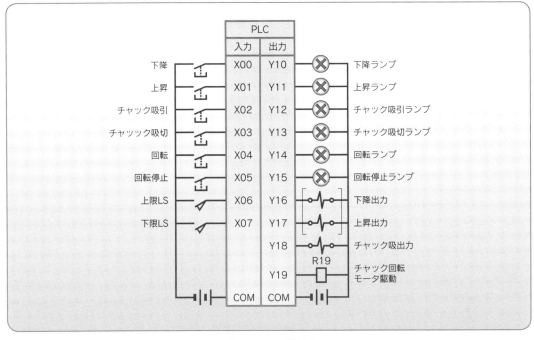

図2　PLC 配線図

両ロッドになっていて、真空発生器の負圧がチャック先端まで届くようになっています。
　シリンダの先端にはスプラインが付いていて、スプラインシャフトとナットは滑るので、チャックを上下しながらモータ出力で回転することができます。
　手動スイッチの操作によって機械の各部を動かしたときのランプ表示の仕方は**図3**のようにします。ダブルソレノイドバルブによる下降と上昇スイッチはいずれかを押すと、ソレノイドバルブが切り替わるようにします。ダブルソレノイドバルブはいったん切り替わるとその状態のままになり、シリンダが動作します。シリンダが動作した結果、上限と下限のスイッチが変化します。その状態をランプに表示するようにします。

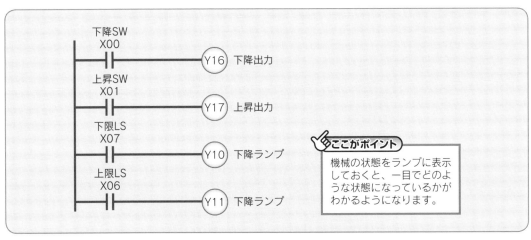

> **ここがポイント**
> 機械の状態をランプに表示しておくと、一目でどのような状態になっているかがわかるようになります。

図3　上昇・下降操作部のランプ表示

定石6　手動操作スイッチで出力を操作したときは出力結果をランプ表示する

　図4のチャック吸出力Y18はチャック吸引スイッチX02でONして、チャック吸切スイッチX03でOFFにします。自己保持回路を使って、スイッチを押したときにランプがONしたままになるようにしておきます。

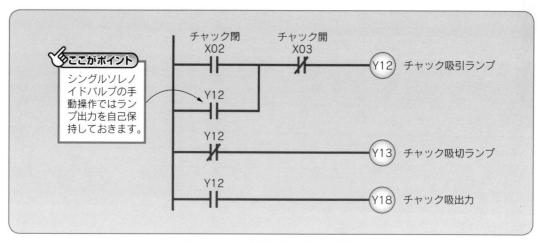

図4　チャック操作部のランプ表示

　図5のモータ回転は、手動回転SW X04を押している間だけ回るようにしておきます。モータはスイッチを離したときにすぐに止まるようにしておいた方が安全でよいでしょう。ただし、回転停止スイッチX05を押したときも停止するようにしておきます。

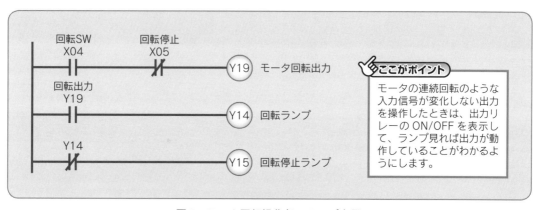

図5　モータ回転操作部のランプ表示

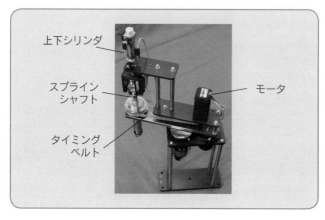

写真1　スプラインで回転しながら上下するユニット（FAM3000シリーズ）

パトライト 1

定石 7 機械の状態を作業者に知らせるにはパトライトを点灯する

パトライトは遠くにいる作業者にも機械の状態を伝えるために使われます。たとえば装置が正常に自動運転をしている状態であれば緑色灯を点灯します。また、安全に停止しているときには赤色灯を点灯します。トラブルが発生している場合は、赤色灯を点滅するとか、軽微なトラブルや部品の供給量不足など作業者の補助を必要とするときには、黄色灯を点灯するなどとして、パトライトの点灯、点滅の意味を統一して決めておきます。

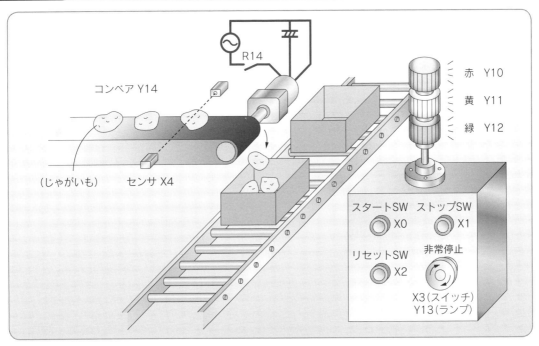

図1　システム図

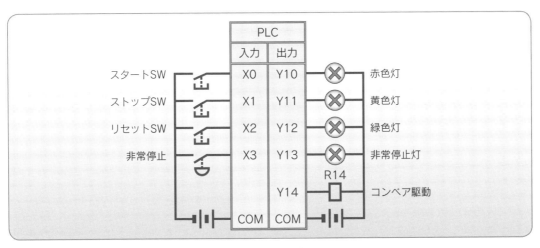

図2　PLC配線図

定石7　機械の状態を作業者に知らせるにはパトライトを点灯する

図1はスタートスイッチX0をONしたら、コンベアを駆動してコンベアで運ばれてくるじゃがいもを30個箱の中に入れるシステムです。30個入れると作業者がやってきて次の箱に入れ替えて、リセットSWでカウント値を0に戻してから再びスタートSWを押して、じゃがいもの箱詰めを再開します。

（1）自動運転がスタートしたら緑色灯を点灯する

自動運転を開始するとM0がONになるので、M0のa接点で緑色灯を点灯します。

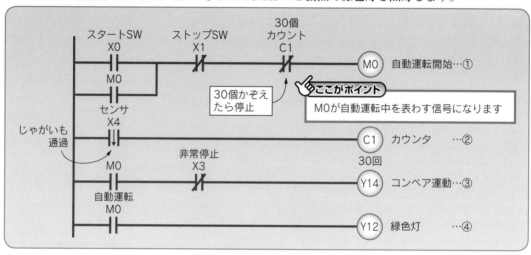

図2　緑色灯を点灯

（2）機械が停止しているときは赤色灯を点灯する

自動運転中の信号は ─┤├─ M0 ですから、停止しているときの信号は ─┤/├─ M0 になります。図3のようにM0がOFFのときに赤色灯を点灯します。機械に電源が入っていて動作待ちの状態にあるときに赤色灯を点灯します。赤色灯が点灯したことを見た作業者は機械のそばに行ってじゃがいもが詰まった箱を送り出し、次の空箱をコンベアの下に持ってきます。空箱を定位置に置いたら図4のプログラムでカウンタの値を0に戻します。

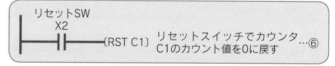

図3　赤色灯を点灯　　　　　図4　カウンタの値を0に戻す

（3）作業者の助けを呼ぶには黄色灯を点灯する

この装置の場合、箱が30個のじゃがいもで一杯になったときに作業者を呼んで箱を交換してもらいます。そこで図5のようにカウンタの接点 ─┤├─ C1 がONしたときに黄色灯を点灯します。

図5　黄色灯の点灯　　　　　図6　非常停止灯の点灯

（4）非常停止を押したときは非常停止ランプを点灯する

図6のプログラムで非常停止SW（X3）が押されたら非常停止灯を点灯します。非常停止になったらコンベアの駆動出力をOFFにします。①～⑧のプログラムをつなげて記述すると、全動作のプログラムが完成します

パトライト 2 定石 8

注意を促すにはランプをフリッカしてブザーを鳴らす

機械が自分では回復できないトラブル状況になった時には、パトライトを点滅して作業者の助けを呼びます。早急に処置が必要なトラブルの場合には、ブザーを鳴らします。パトライトはトラブルが解消するまで点滅を続けますが、ブザーは騒音になるので、作業者がトラブルを認識したらリセットスイッチなどを使って音を消せるようにします。新たなトラブルが発生した時には再度ブザーが鳴るようにプログラムしておきます。

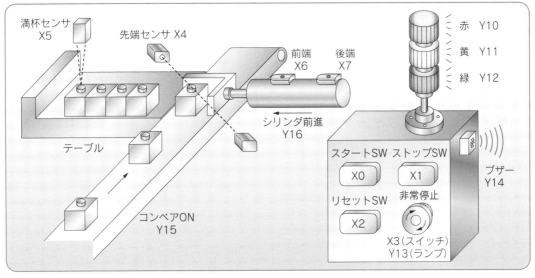

図1　システム図

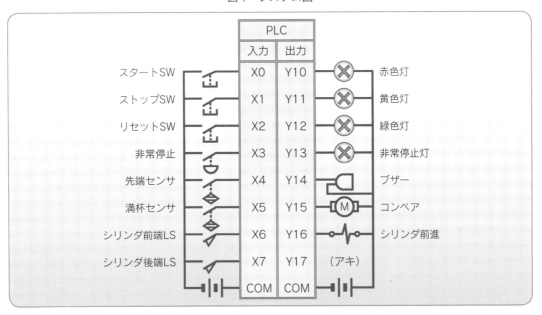

図2　PLC 配線図

定石8 注意を促すにはランプをフリッカしてブザーを鳴らす

(1) フリッカを作る

　機械が作業者の助けを必要とするときに、ランプをフリッカして作業者に知らせるようにします。図3のようにフリッカの信号は2個のタイマを組み合せてつくります。T0は0.5秒フリッカで、T2は3秒フリッカになります。

　0.5秒フリッカのT0と3秒フリッカのT2を組み合せたものは、M10のように間欠のフリッカになります。ブザーのように連続して鳴り放しになると耳ざわりなものは、M10のような休みのある信号にすることもあります。また、軽微な異常はゆっくりとした点滅にして、緊急の場合や危険を知らせるときには速い点滅にするなど工夫が必要です。

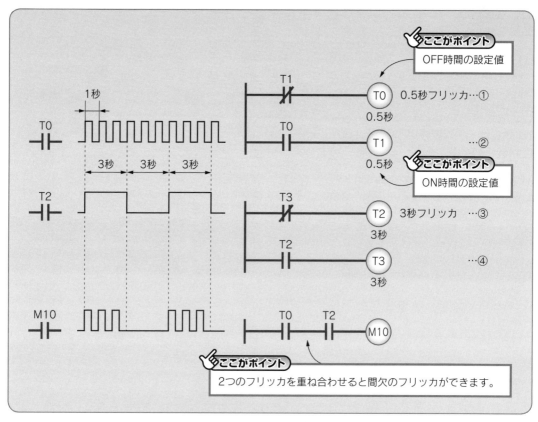

図3　フリッカの信号

(2) 満杯センサがONしたら作業者を呼ぶ

　コンベア先端まで送られてきたワークを1個ずつシリンダでテーブル上に移動して整列します。シリンダが1往復するのに約5秒かかっているものとします。送られてきたワークはワーク同士で押されてテーブル上に列になり、4個たまると満杯センサM5がONして、次のワークを送り込むことができなくなります。そこで図4⑤のように満杯センサがONしたら、M100を自己保持にして、黄色灯を点滅させます。

　ブザーはずっと鳴り続けるとうるさいので、満杯センサの立上りパルスを使ってM101を自己保持にしてブザー用信号をつくります。このM101はリセットSWを押すとOFFになるので、ブザー音を消すことができます。

　このときにまだ満杯異常が残っていれば黄色灯は点滅したままになります。テーブル上のワークをとり除いて満杯センサ（X5）がOFFになれば、リセットSW（X2）で黄色灯の点滅を消すことができます。

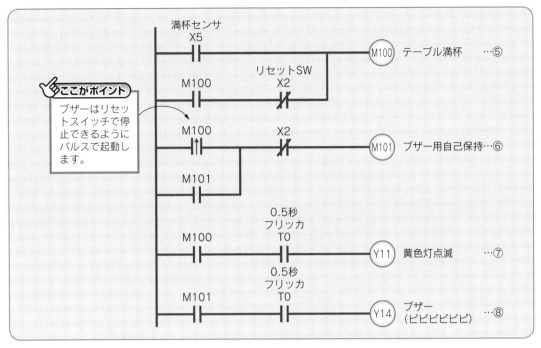

図4 満杯異常の表示

（3）シリンダが前進したとき、ワークがひっかかるトラブルは人を呼ぶ

シリンダが前進をはじめてからしばらくしても戻って来ないときがあります。シリンダが前進するときには、シリンダでワークを押しているので、何らかのものにひっかかって動けなくなったと考えてみましょう。図5⑪のT10はシリンダ出力が10秒以上出たままになっていることを検出しているので、T10の接点はワークのひっかかり異常信号になります。このときに赤色灯を点滅します。同時にブザーを鳴らしますが、満杯異常とは異なる音を出すようにします。

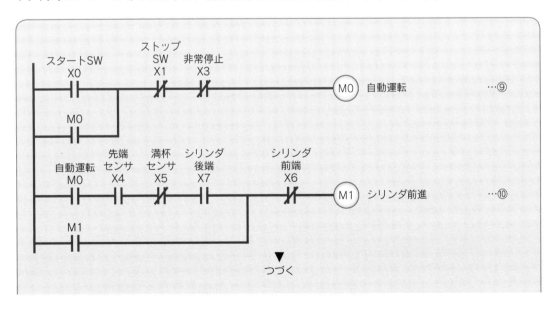

定石8 注意を促すにはランプをフリッカしてブザーを鳴らす

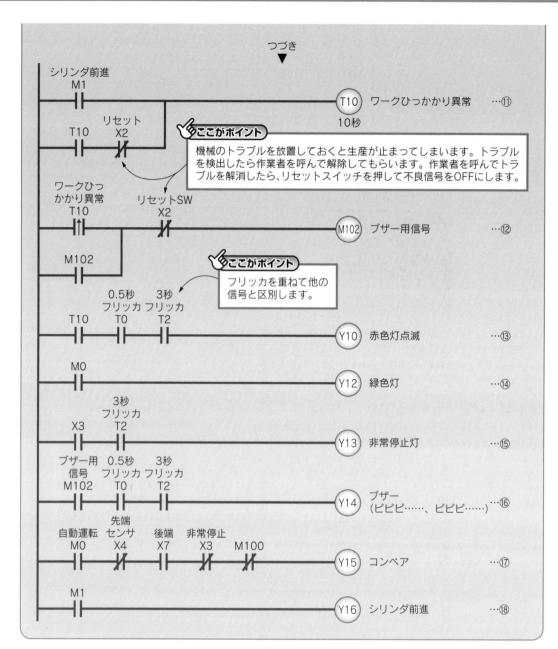

図5 全体のプログラム

写真1 MM3000による構成例

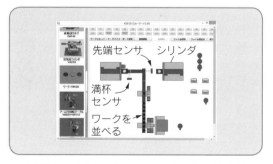

画面1 メカトロシミュレータによる構成例

第2章

アクチュエータとセンサの機能を引き出すプログラム

モータを使った機構の制御プログラムをつくるときに必要となる知識や、ワークを扱うために必要なセンサを使った制御プログラムの考え方を紹介します。

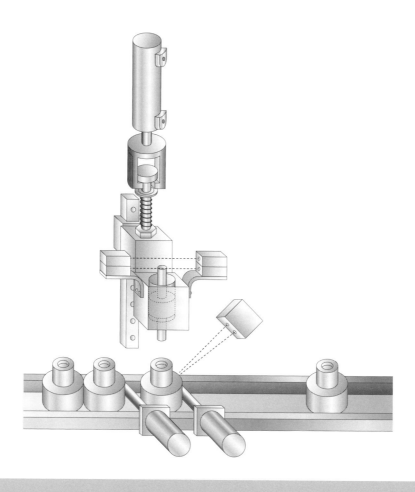

モータ 1 定石 9

クレーンを連続運転するときにはストップスイッチを付ける

クレーンを手動操作で上昇下降を行うようなシステムでは、上昇スイッチを長押しすると上昇端まで連続して動作するように制御することがあります。このような連続動作をする場合には、上下スイッチの他に中途で停止するための停止スイッチを用意すると操作しやすくなります。

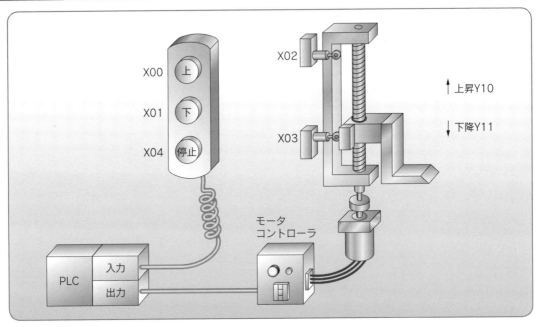

図1　システム図

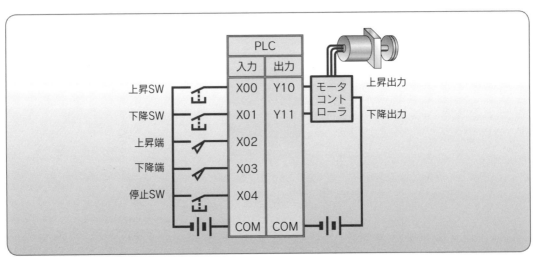

図2　PLC配線図

(1) 自動上昇

図1のシステムを使って、上昇SWを5秒以上押し続けると自動で上昇端まで移動するようにプログラムしてみます。図2はPLCの配線図です。

図3のプログラムでは、上昇SWを押すと上昇出力（Y10）がONになって押している間だけ上昇します。そして、5秒間押し続けるとT00が自己保持になって上昇端が入るまで上昇を続けます。

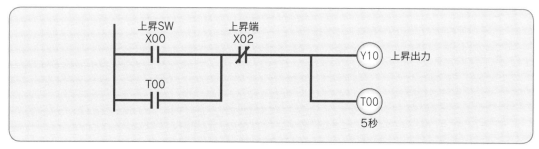

図3　自動で上昇端まで移動するプログラム

(2) インターロックを入れた自動上昇・下降

上昇・下降ともに自動にするときには、両方の出力が同時に入らないようにインターロックをかけます。両方のSWが押されたら停止するように入力インターロックにすると、図4のようになります。

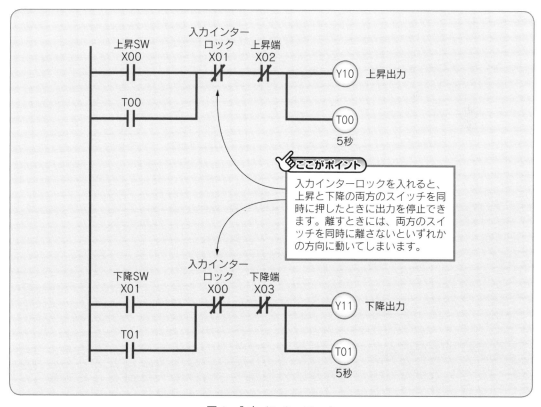

ここがポイント

入力インターロックを入れると、上昇と下降の両方のスイッチを同時に押したときに出力を停止できます。離すときには、両方のスイッチを同時に離さないといずれかの方向に動いてしまいます。

図4　入力インターロック

定石9　クレーンを連続運転するときにはストップスイッチを付ける

（3）連続運転は停止スイッチで止める

　連続運転を入力インターロックで止めるとすると、いったん上昇SWと下降SWの両方を押して停止してから、できるだけ同時にスイッチを離すことになります。しかし遅れて離した方に若干動いてしまうので、正確には停止できません。そこで停止SWを使って、停止を優先的に行うようにしておきます。図5は出力インターロックと停止SWを使った連続上昇・下降のプログラムです。出力インターロックではいったん自己保持になると反対向きの動作スイッチは効かなくなるので、必ず停止SWを付けていつでも停止できるようにしておきます。

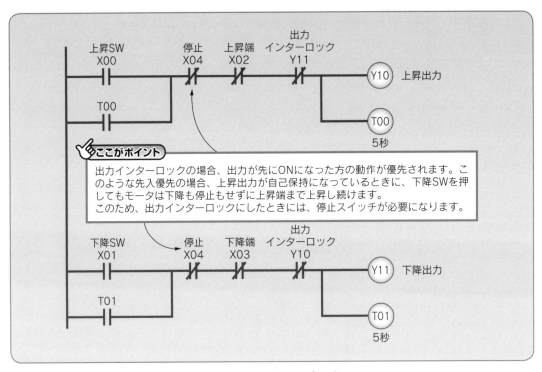

ここがポイント
出力インターロックの場合、出力が先にONになった方の動作が優先されます。このような先入優先の場合、上昇出力が自己保持になっているときに、下降SWを押してもモータは下降も停止もせずに上昇端まで上昇し続けます。
このため、出力インターロックにしたときには、停止スイッチが必要になります。

図5　停止SWを使ったプログラム

写真1　MM3000による構成例

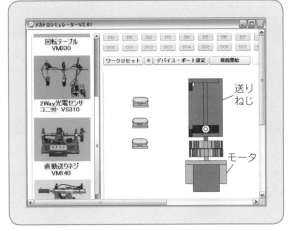

画面1　メカトロシミュレータによる構成例

モータ 2 定石 10 　末端減速メカニズムは回転軸の死点で止める

> 末端減速メカニズムをモータで制御するときには、末端減速の死点となる場所で停止するように制御すると衝撃を受けずにメカニズムを停止することができます。モータの回転軸がメカニズムの死点の位置で確実に停止できるように、リミットスイッチを配置します。

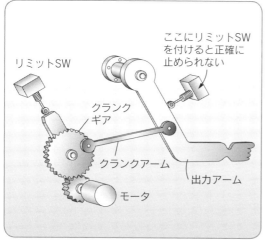

図1　クランクメカニズムによる連続往復

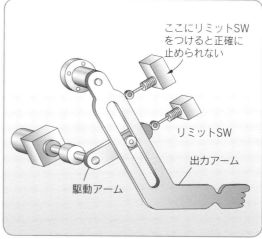

図2　レバースライダメカニズムによる連続往復

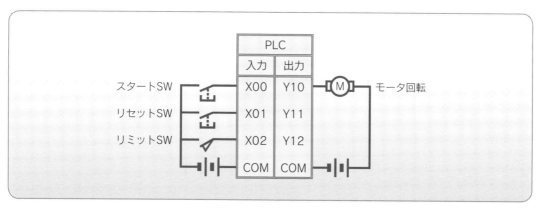

図3　PLC配線図

　モータの連続回転から往復運動を作り出すには、**図1**のようなクランクか、または**図2**のようなレバースライダを使うとよいでしょう。
　クランクはクランクアームが延び切った点が死点になるので、その点でモータを停止します。レバースライダは駆動アームと出力アームが90°になった点が死点になります。
　この装置のPLC配線図を**図3**に示します。

定石10　末端減速メカニズムは回転軸の死点で止める

図4は、スタートSWを押したときにアームが1往復するプログラムです。

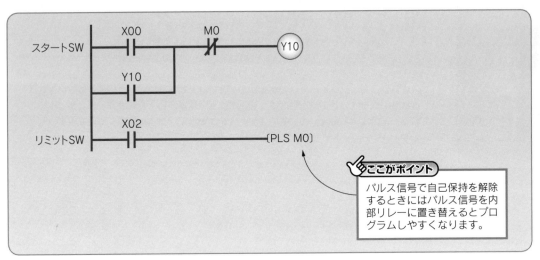

図4　リミットSWで止まっても再起動できるプログラム

図5はスタートSWを押すと5往復後に停止するプログラムです。

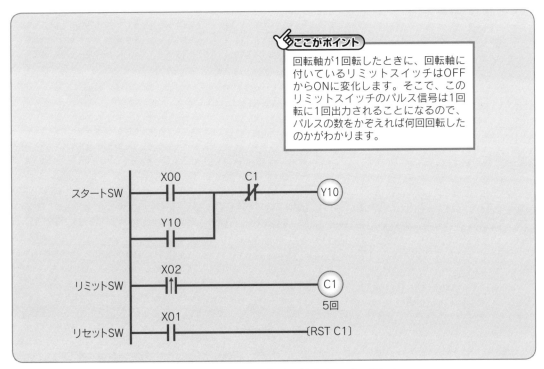

図5　再起動可能な5往復後に停止するプログラム

モータ 3 定石 11 コンベア上で作業をするときは作業ユニットの動作中信号でコンベアを停止する

> コンベアで送られてくるワークに対して作業ユニットが動作して作業を行う場合には、ワークの到着信号で作業ユニットの動作を開始します。作業ユニットの動作中を表わす信号が ON になっている間コンベアを停止して、作業が終了して動作中の信号が OFF になったらコンベアをまた起動します。自己保持された作業ユニットの動作中信号をコンベアの停止信号として使うとうまく制御できます。

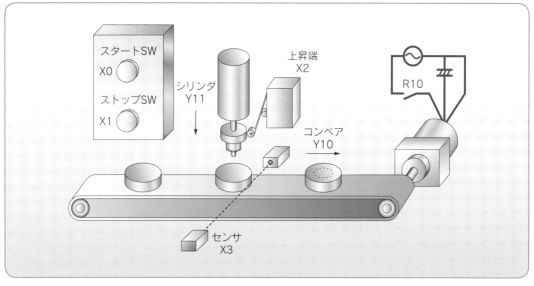

図1　システム図

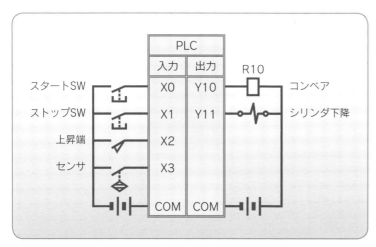

図2　PLC 配線図

図1のシステムはスタート SW を押すとコンベアで送られてくるワークに次々とシリンダで円形のスポットをきざむ加工装置です。センサの位置でワークをいったん停止して、シリンダが下降すると、ワークにスポットの跡がつくようになっています。この制御プログラムを考えてみましょう。

図2はPLCの配線図です。

定石11　コンベア上で作業をするときは作業ユニットの動作中信号でコンベアを停止する

　図3のプログラムは自動連続運転の信号です。M0がONしているときに連続運転をします。スタートSWが押されたら自動運転を記憶するリレーM0をONにします。M0はストップSWでOFFになります。

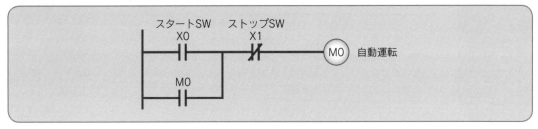

図3　自動運転信号

　図4のプログラムでは、自動運転信号でコンベアを駆動して、ワークが到着したことをセンサで検出したらワーク到着信号として自己保持にしてコンベアを停止します。

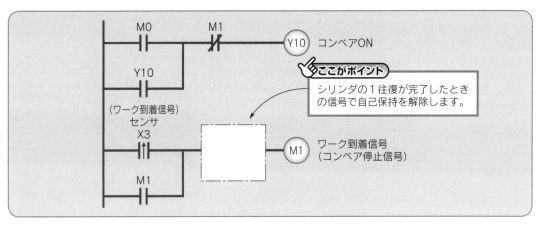

図4　ワークを発見したらコンベアを停止

　図5のプログラムでは、シリンダが下降しはじめて5秒経過後に上昇します。
　図6では、パルスを使ってシリンダが上昇端に戻った信号をM3としてあります。

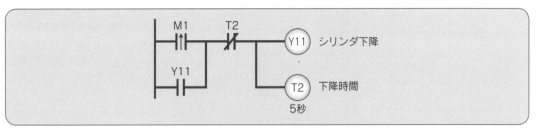

図5　シリンダが5秒経過後に上昇

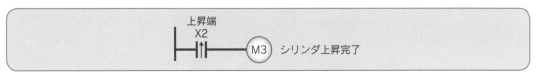

図6　シリンダの上昇完了

プログラム全体は図7のようになります。

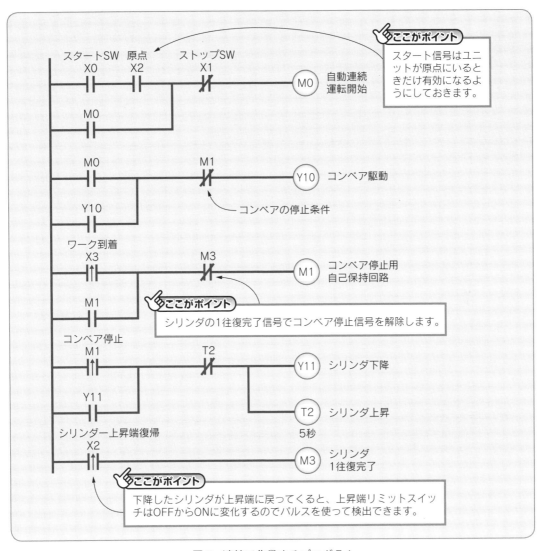

図7　連続で作業するプログラム

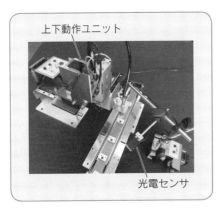

写真1　MM3000による構成例

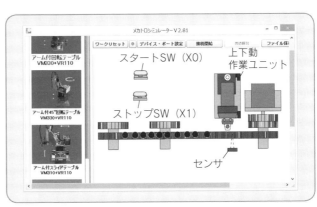

画面1　メカトロシミュレータによる構成例

モータ 4 / 定石 12 コンベア上の作業ではコンベアモータの停止条件をつくって制御する

ワークが送られてくるコンベア上で組立作業を行うときのコンベアモータの停止信号は、パレット到着信号で自己保持にして、作業終了信号で自己保持を解除します。作業中にコンベアモータを再度動かす必要があるときには、コンベア出力をOFFにしている停止信号と並列にコンベア再駆動信号を接続します。

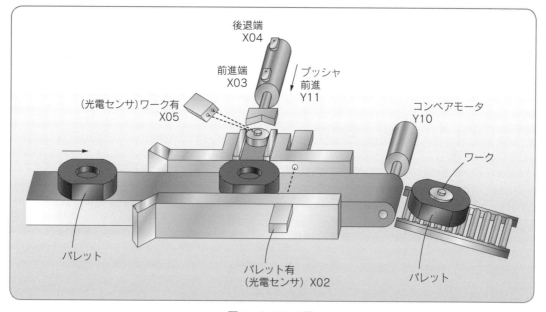

図1　システム図

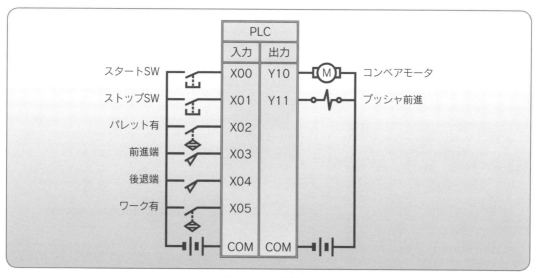

図2　PLC配線図

図1はコンベア上のパレットにワークを組み付ける装置で、図3がその制御プログラムです。スタートSWで連続運転を開始したら、コンベアモータを起動します。

パレットが到着した信号をM1に記憶して、M1がONしているときにはコンベアを停止させます。作業が完了したことを知らせる信号M4がONしたら、コンベアを再起動してパレットを送り出します。パレットセンサがOFFするのを確認して1サイクルの動作を完了させます。M5が1サイクルの動作の完了信号になっているので、M5を使ってM1〜M4の自己保持を解除します。コンベアはM0でONしてM1で停止し、M4で再起動するという流れになります。

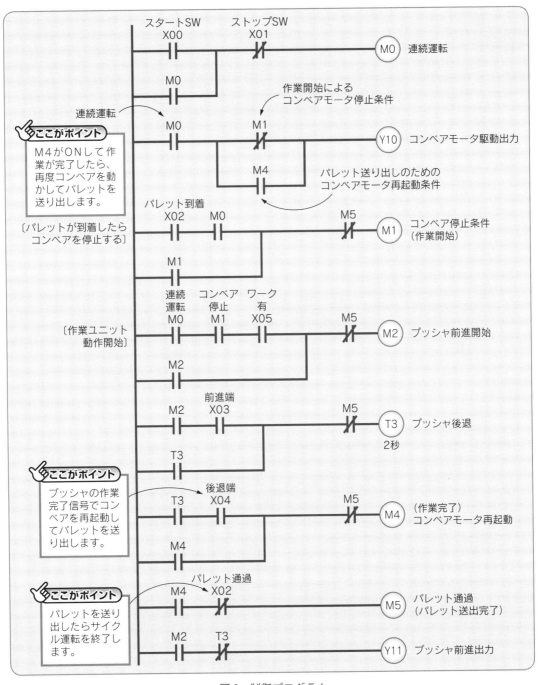

図3 制御プログラム

モータ 5 定石 13 三相交流モータを速度制御するにはインバータを使う

三相交流モータの速度制御にはインバータがよく使われます。インバータでモータを制御するときには、最高速度に達するまでの加速時間や停止するまでの減速時間を考慮したプログラムにする必要があります。

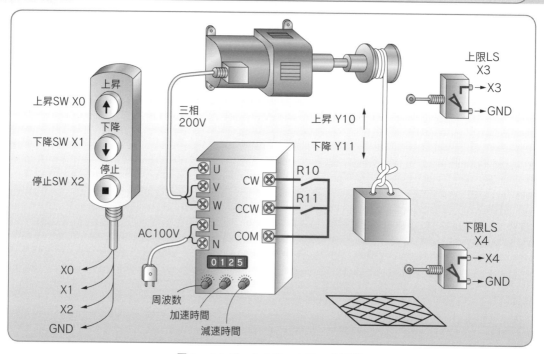

図1 インバータを使ったモータ制御

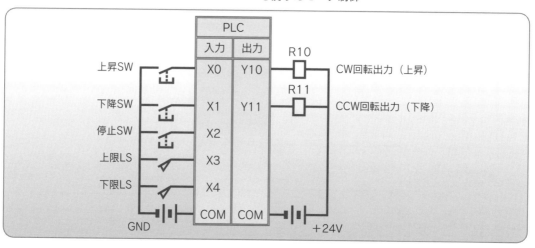

図2 PLC 配線図

(1) インバータ

インバータは三相交流モータの速度制御をするときに用いられます。インバータの入力は、単相100V、単相200V、三相200Vなどがあり、出力は三相交流モータを駆動する三相200Vや三相400V出力などが選べます。

インバータに入力した電力はいったん直流に変換されて、再度PWM方式などによって三相交流に変換されます。直流から三相交流を電子的につくり出すので任意の波形の三相交流を出力することができるのです。この三相交流波形を三相交流モータに与えるので三相交流モータの速度制御ができるようになります。

図1はインバータの配線の例です。L、N端子に電源のAC100Vを接続します。三相交流出力が出るU、V、W端子を三相交流モータに接続します。モータの速度は、周波数のツマミで最高速度を設定し、起動時の加速時間と停止時の減速時間もそれぞれ設定します。図2はPLCとの配線図です。PLCを使った制御は簡単で、インバータのCWとCCW入力端子にPLCからの出力信号を接続するだけでモータを駆動できます。接続の仕方はインバータの種類によって異なるので注意します。

(2) 制御プログラム

上昇SWを押している間だけ上昇し、上昇端にある上限LSがONしたら停止してみます。インバータを使った装置では停止のときの減速時間を設定しますが、この設定値を長くしすぎると、リミットスイッチを大幅に超えてしまうことになります。そこで図3のプログラム例では、いったん上限LSがONしたら、その信号を自己保持にしておき、下降SWが押されるまで解除しないようにしてあります。図4は下降出力のプログラムで、図3につづけて書き込みます。下降端ではモータがオーバーランしても下限LSがOFFになることはないので、下降出力は単純な制御プログラムで制御されています。上昇SWと下降SWの両方が押されたら停止するように入力インターロックをかけてあります。

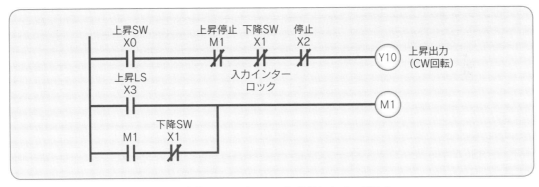

図3 上昇のオーバーランを考慮したプログラム

図4 下降出力の制御プログラム

インバータで停止するときには減速時間に注意します。

センサが使えない場所では ワークセット信号を使う

センサ 1 / 定石 14

ワークをワークで押して整列するような装置では、ワークの有無を検出するセンサを付けたとしても、センサが ON になったままになるので、センサ信号を使った作業の開始信号をつくれません。この場合には作業ユニットの動作でワークを押し出す工程が完了した信号を使って、ワークがセットされたものと判断します。ワークのセット信号はそのワークに対する作業が開始した後でリセットします。

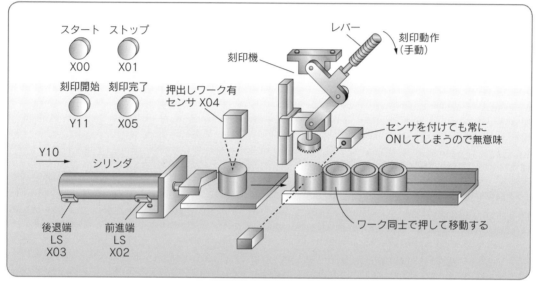

図1　システム図

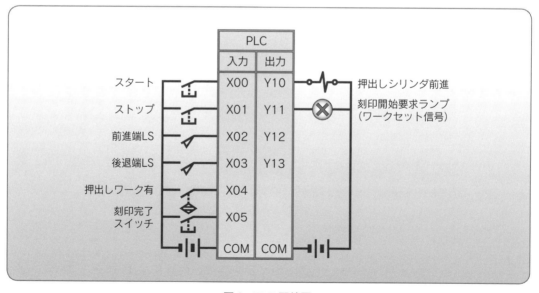

図2　PLC 配線図

図1は、半自動でワークに刻印をする装置で、PLCとの配線は図2のようになります。スタートSWでスタートをかけると、押出しワーク有センサの位置にあるワークをシリンダで押し出します。押し出した先に手動の刻印機があって、作業者が刻印作業を行います。作業者に新たなワークがセットされたことを知らせて刻印作業を行ってもらうために、刻印開始要求ランプを点灯させます。

作業者はランプが点灯したことを確認して、レバーを押し下げて刻印作業を行います。作業者は刻印作業を完了すると、手元の刻印完了SWを押して、開始要求信号をリセットします。刻印位置にセンサがあって刻印前のワークを検出できれば、そのセンサ信号でワークセット完了信号をつくればよいのですが、この装置では押し出したワークで前の刻印したワークを右方向にワーク1つ分送っているので、刻印位置にセンサがあったとしてもONしたままになってしまうのです。

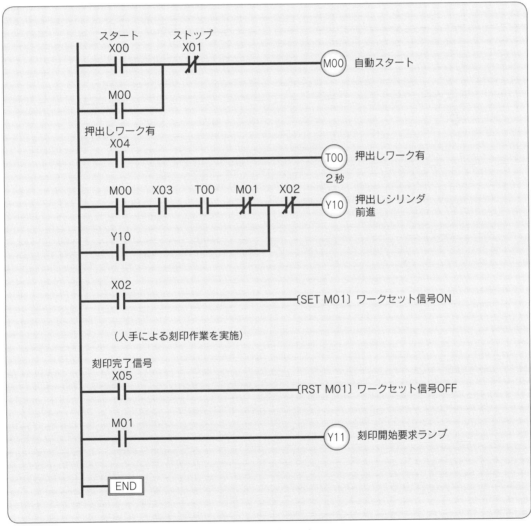

図3　作業プログラム

> **ここがポイント**
> 作業者が誤って作業をしなかったり、二度作業をしたりしないように、作業開始の要求ランプと作業完了SWを使って制御します。

センサ 2 / 定石 15　ワークの到着はセンサの立ち上がりパルスを使う

> ワークがセンサ位置に到着したことを検出するには、センサの立ち上がりをとらえたパルス信号を使います。このパルスはセンサ信号が OFF から ON に切り替わった変化をとらえているのでワークが到着したことを検出できます。ワークが通過した時には、センサは ON から OFF に切り替わるので、立下りパルスで検出できます。

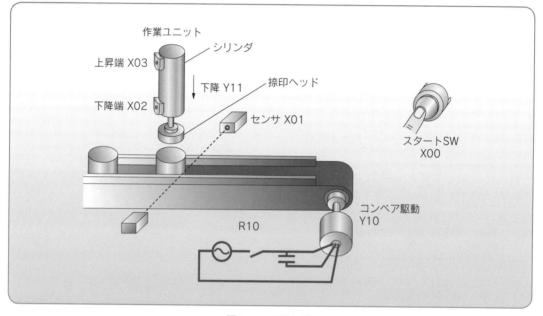

図1　システム図

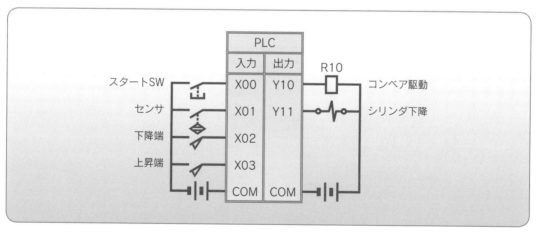

図2　PLC 配線図

図1のシステムは、コンベアでワークが送られてきたら作業ユニットが下降・上昇してワークに捺印作業をするものです。センサの立上りパルス ─|↑|─ X01 は、コンベアで運ばれてきたワークがセンサの位置に到着したときに1回だけONになります。この信号を使ってシリンダを1往復すれば、ワークに対して1回だけシリンダによる捺印作業を実施できることになります。

　スタートSWを押したらコンベアを動かし、ワークが到着した信号でコンベアを停止して作業ユニットの1往復動作を行うプログラムは図3のようになります。

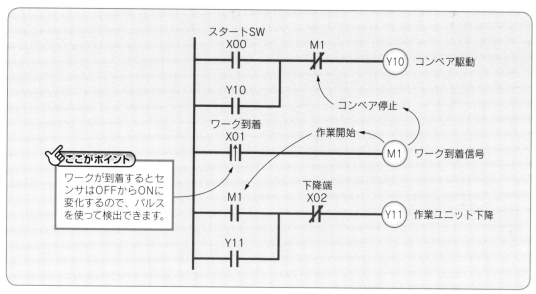

図3　スタートSWを押すたびにワークを送って次々に作業するプログラム

　図3のプログラムでは、スタートSWを押すと作業中であってもコンベアが動き出してしまうので、図4のようにスタート条件に原位置信号を追加します。

　60頁に構成実機例とメカトロシミュレータ画面を示します。

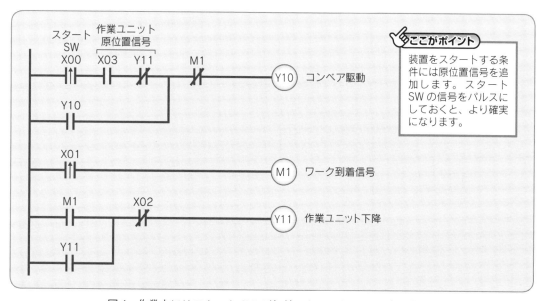

図4　作業中にはスタートSWが無効になるようにしたプログラム

センサ3 定石16 ワークがいつ来るかわからない装置はワーク到着信号をサイクルスタートにする

コンベアで送られて来るワークを使った作業を行う装置の場合に、装置がいったん運転をスタートすると、ワークの到着待ちになって、停止ボタンを押してもコンベアが停止しなくなることがあります。これは1サイクル運転のプログラムの中にワークの到着が記述されているからですが、ワークの到着信号で1サイクル運転を開始するようにプログラムすれば解決できます。

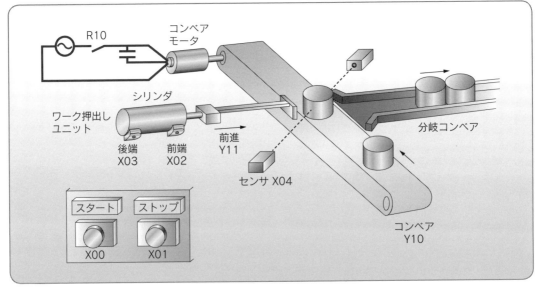

図1　システム図

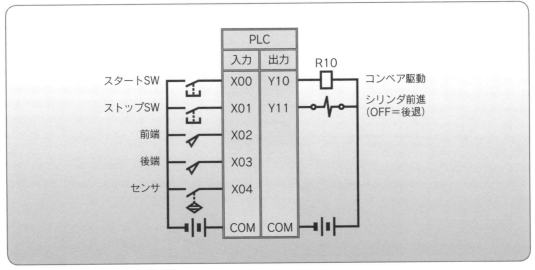

図2　PLC配線図

図1は、自動運転をかけるとワーク押出しユニットが起動して、ワークがきたところでコンベアを停止してワークを分岐コンベアに送り出す装置です。PLC配線図を図2に示します。

　図3のプログラムでは自動運転のスタートとともに、M1が自己保持となってワーク待ちとなります。ワークが来ると次のステップに移りますが、ずっとワークが来ないと自動運転を停止してもワーク待ちになり、コンベアが停止しなくなってしまいます。

　この対策として、M1がONしてM2がONしていないときに自動運転が切れると、M1の自己保持を解除するようにM1の部分を図4のように修正します。図3の中のコイルM1の回路だけを図4のように書き替えてみます。

　するとM1がONのときにワークが来るとM2が自己保持になります。M2が自己保持になった状態では、自動運転が切られてM0がOFFになっても、M2のa接点がM0と並列に入っているのでM1はONしたままになります。一方、M1がONしていてM2がOFFのときには自動運転M0がOFFになると、M1もOFFになってコンベアも停止することになります。

　これをもう少し簡便に記述することもできます。図5のように押出しユニットのサイクル運転をワーク到着信号でスタートさせるようにプログラムします。ワーク到着前であればいつでも自動運転のON/OFFとともにコンベアがON/OFFするようになります。このプログラムではM1の回路は使いません。

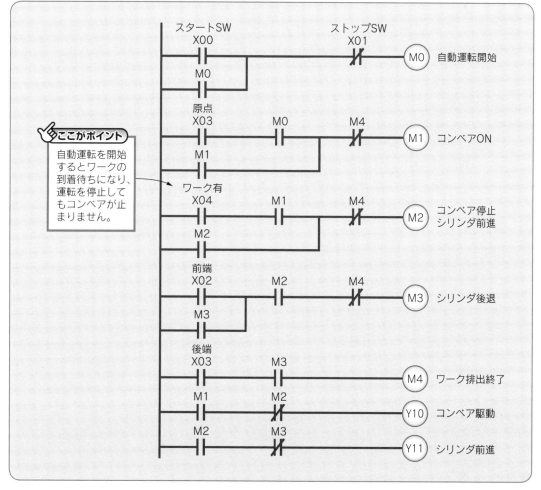

図3　ワークが来ないとコンベアが止まらない

定石16　ワークがいつ来るかわからない装置はワーク到着信号をサイクルスタートにする

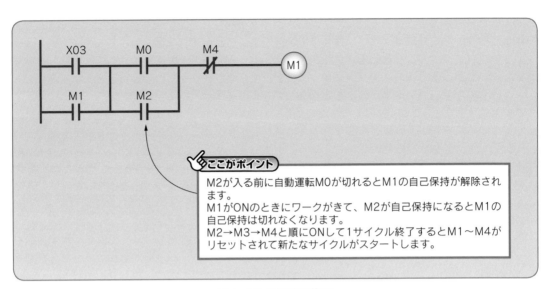

図4　M1の回路の修正

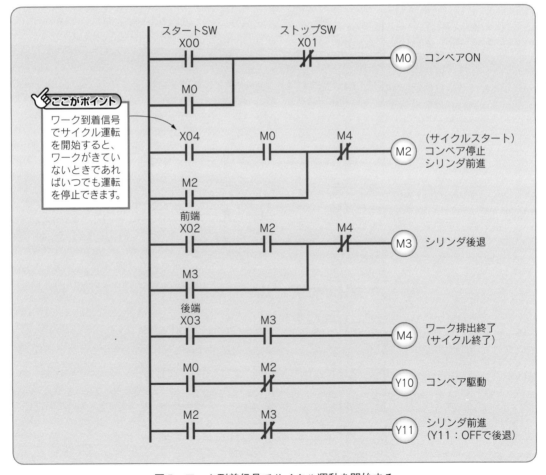

図5　ワーク到着信号でサイクル運動を開始する

センサ 4

定石 17

パレット上にワークがないときには作業をせずにパレットを次に送る

コンベアで送られて来るパレットに載せられたワークに対する作業を行うときには、パレットの到着信号で作業ユニットの作業を開始して、作業ユニットの作業が完了したらパレットを送り出します。パレット上にワークがないときには作業をせずに送り出します。パレットを送り出したら、パレットセンサが OFF になって通過するまでをプログラムに記述します。

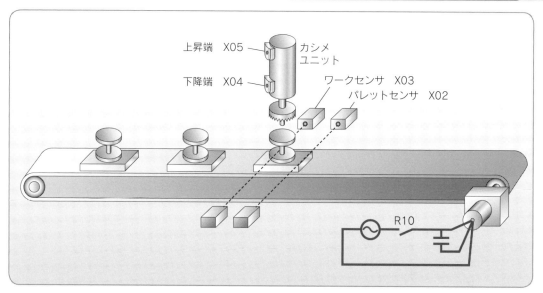

図1　システム図

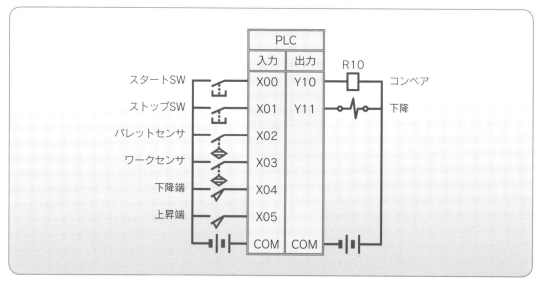

図1　PLC 配線図

定石17 パレット上にワークがないときには作業をせずにパレットを次に送る

(1) システムの概要

図1のシステムを使ってパレットに載せられたワークに、カシメ作業をする場合の制御プログラムを考えます。PLCとの配線は図2のようになっているものとします。スタートSWを押したら連続運転を開始して、ベルトコンベアを起動します。パレットセンサX2がパレットを検出するとベルトコンベアを停止して、ワークがあるときにはカシメユニットのシリンダが下降し、ワークを上から押しつぶすような作業をします。

シリンダが上昇して作業が完了すると、コンベアを再起動してパレットを送り出します。パレットを検出したときにワークがなければ、作業をせずにパレットを送り出します。

(2) 状態遷移型による制御プログラム

スタートSWを押したら、自動運転を開始して連続運転をします。ストップSWを押したら自動連続運転を停止して1サイクル動作後に停止します。自動運転開始信号をM0とすると図3のようになります。

図3 自動運転開始

自動運転を開始したことをM1に記憶してコンベアを動かします。次に、送られてきたパレットをパレットセンサで検出したことをM2に記憶します（図4）。

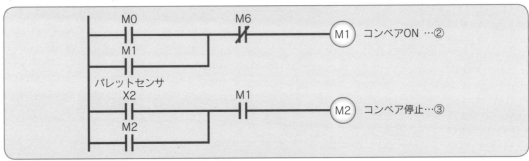

図4 コンベア停止

つづいてワークセンサがONしていれば、シリンダが下降して下降端で3秒待って上昇します（図5）。

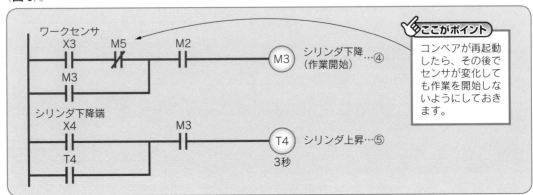

ここがポイント
コンベアが再起動したら、その後でセンサが変化しても作業を開始しないようにしておきます。

図5 シリンダ上昇

上昇し終って上昇端に達したらコンベアを駆動します。④でパレット上にワークがある場合にシリンダを下降しましたが、ワークがないときには下降せずに⑥に移行させます（**図6**）。

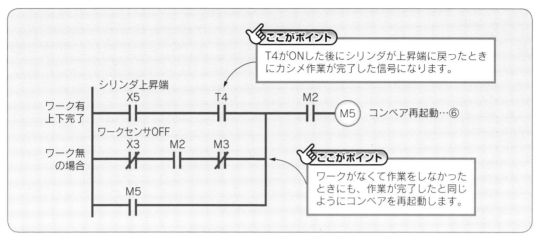

図6　コンベアを駆動

　コンベアをONしたら、パレットが通過するのを待って1サイクル動作を終了します（**図7**）。

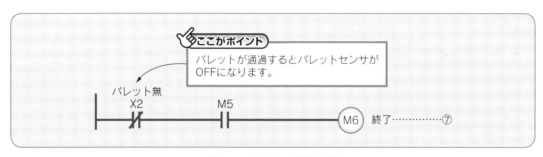

図7　1サイクル動作終了

　出力制御部は**図8**のようになります。

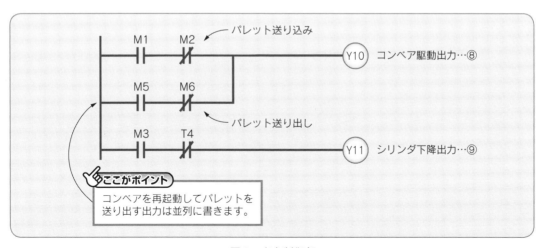

図8　出力制御部

　①〜⑨までのプログラムをまとめるとシステム全体の制御プログラムになります。

センサ5 定石18 センサを2個使った高さチェックはセンサ信号の組合せをつくる

ある基準から高いか低いかを判定するにはセンサ1個でよいが、ある高さの範囲に入っていることを検出するには、2個のセンサを使って高すぎと低すぎの間にOK信号をつくるようにします。検査をするときには、ベース面からの絶対的な高さではなく、計測する基準面からの相対的な高さを検出できるように工夫しておきます。

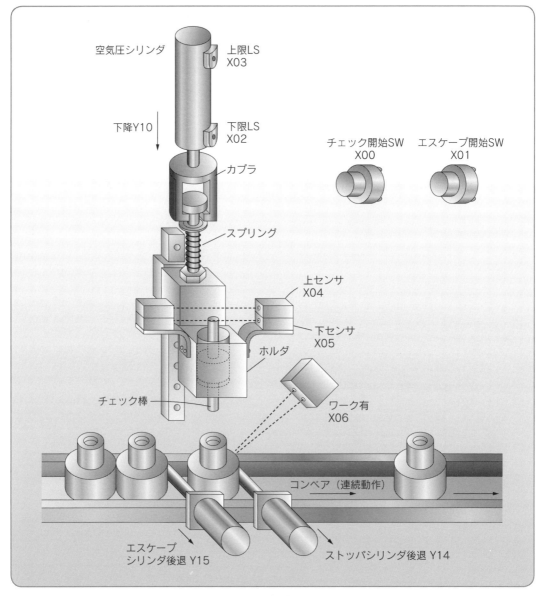

図1　機構図

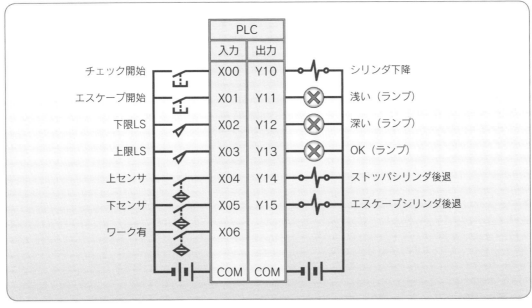

図2　PLC 配線図

(1) システムの概要

チェック開始スイッチでシリンダが下降し、下降端においてワークの中心の穴の深さが正常な状態にあるかをチェックします。

チェックする場所がコンベアの上ということで、ワークが安定しないので、図1の装置はワークの上面を基準にして穴の深さをチェックする構造にしてあります。空気圧シリンダが下降するとチェック棒のホルダがワークの凸部に当たって止まります。シリンダはそのまま下限まで下降します。シリンダのストロークがオーバーする分は機械的にカプラとスプリングで逃がしてあります。チェック棒は上下に自由に動くので、ワークの凹部の底に突当たって少し持ち上がります。

穴の深さによってチェック棒の高さが変わるので、シリンダが下に降りたときのチェック棒の位置を上センサ（X04）と下センサ（X05）で検出すれば穴の深さをチェックできます。

センサの ON/OFF と穴の深さの関係は図3のように浅い、深い、OK の3つに分けられます。それぞれの検査結果がわかるように Y11、Y12、Y13 を使ってランプ表示するようにします。

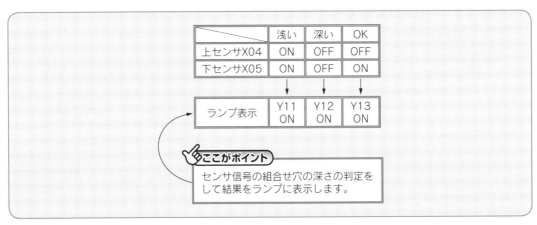

図3　センサの ON/OFF と穴の深さの関係

定石18　センサを2個使った高さチェックはセンサ信号の組合せをつくる

(2) ワーク検査プログラム

図4のようにチェックスタートSWを押したら、シリンダを下降して、下降端に達して少し待ってから上センサ（X04）と下センサ（X05）の状態をチェックします。ワークの穴が浅いときにはY11をON、深いときにはONに、ちょうどよい範囲のときはY13をONにします。エスケープを開始したらワークが入れ替わるので、検査結果のランプは消灯します。

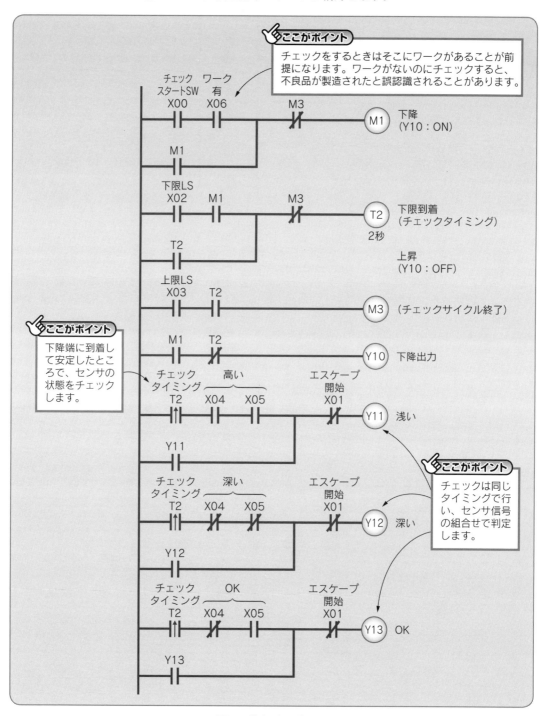

図4　検査プログラム

(3) ワークエスケープメントのプログラム

　エスケープ開始SW（X01）が押されたら検査ワークを送り出し、次のワークに交換します。まずY14をONにしてストッパシリンダだけを後退して、ワークが進行方向に流されて通過するのを待ちます。通過すると、ワーク有センサ（X06）がOFFになるのでY14をOFFにしてストッパシリンダを閉じます。次にY15をONにしてエスケープシリンダを後退させて、待っているワークを検査位置に送り込みます。ワーク有センサ（X06）がワークを検出したらY15をOFFにしてエスケープシリンダを前進します。

　ワークの有無の検出には余裕をもたせるためにタイマを使います。エスケープメントのプログラムは図5のようになります。

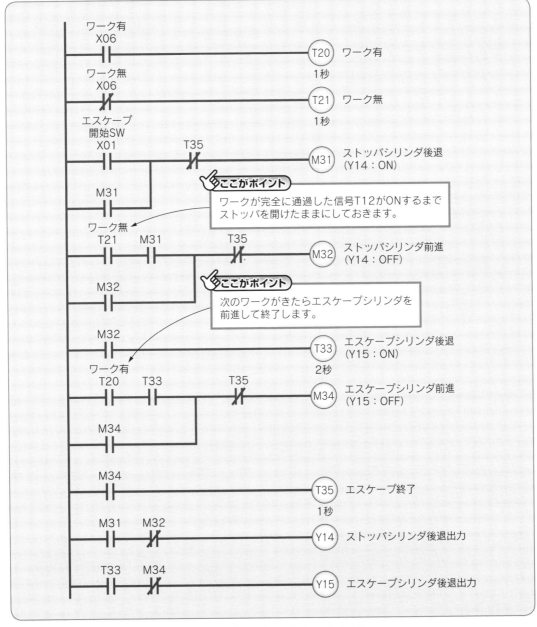

図5　エスケープメントのプラグラム

各定石の実機例とシミュレーション画面（その①）

定石15（センサ2）　コンベアで送られて来るワークの捺印作業

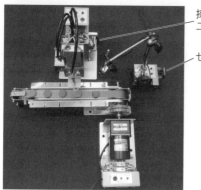
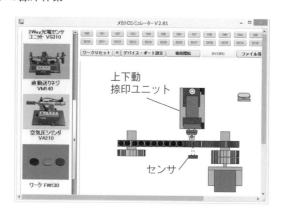

定石20（タイマ2）　作業中にはワーク押さえシリンダでワークを押さえておく加工装置例

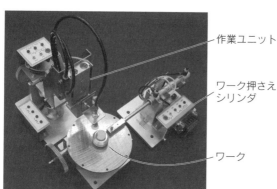
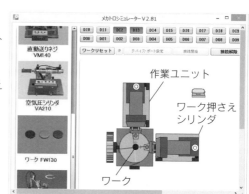

定石25（カウンタ2）　シリンダを設定回数だけ往復させる装置例

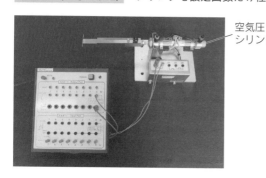
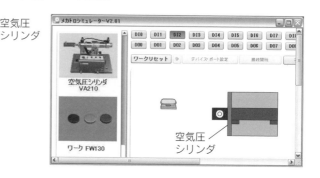

〔MM3000による構成例〕　　　　　　　　　　〔メカトロシミュレータによる構成例〕

第3章

タイマとカウンタを使いこなす

タイマを上手に使いこなすと機械装置を制御するときに時間の要素を利用して、機械装置がもっている動作時間の遅れの対応や、センサがない時の処理ができるようになります。また、カウンタを使ったワークの整列処理の方法やカウンタを上手にリセットする方法を紹介します。

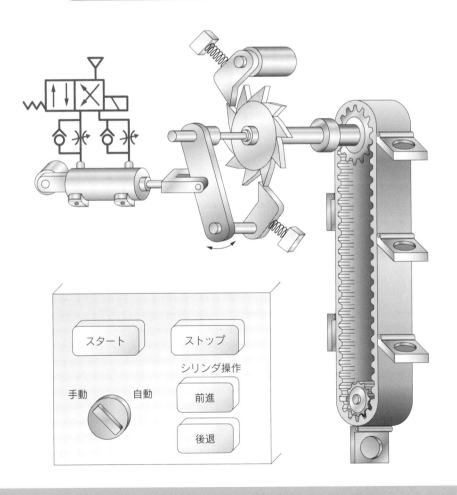

定石 19 タイマ 1

センサが不安定なときの連続運転はセンサと時間経過で止める

連続して液体をかき混ぜるときに、液体の透明度や粘度の変化をセンサでとらえて停止することが考えられますが、条件が悪くてセンサが働かないといつまでも止まらずに動き続けてしまうことがあります。このような、不安定なセンサを使う場合、センサで停止するとともに、ある一定時間が経過した時にも停止するようにタイマを使って制御します。

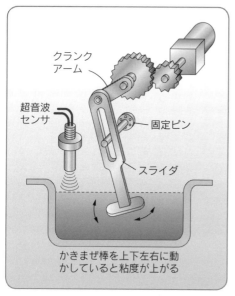

図1 水溶液やクリームを撹拌する装置

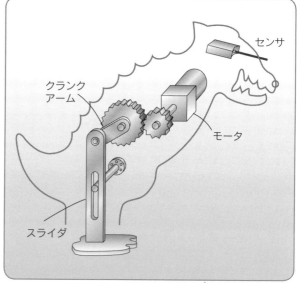

図2 おもちゃの歩行装置

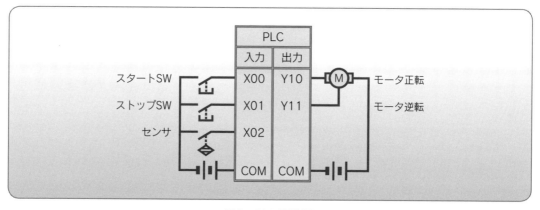

図3 PLC 配線図

　図1は水溶液やクリームのようなものを撹拌するような装置で、図2はおもちゃの歩行装置で、いずれもクランクスライダが使われています。クランクスライダはクランクアームとスライダが一直線に重なるところが死点となり、その点で速度が0になります。
　この装置をタイマとセンサ信号を使って制御してみましょう。

スタートSWを押すと動作を開始して一定時間で停止するプログラムは**図4**のようにします。

図5はセンサが反応したときに停止するプログラムですが、手動スイッチでも停止できるようになっています。

図6はセンサが反応したらすぐに動作を完了しますが、一定時間が経過してもセンサが反応しなかったときに、タイマで停止するようになっています。

図7はセンサがONしたときにモータを逆転するプログラムです。3分間で停止するようになっています。

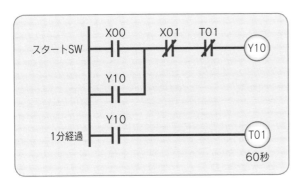

図4　時間がきたら止める

図5　センサがONしたら止めるプログラム

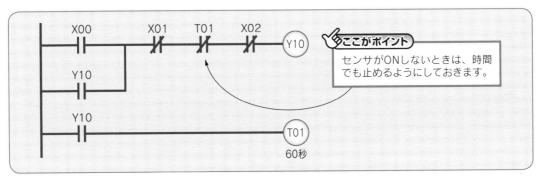

図6　センサで止めるが時間が経過しても止める

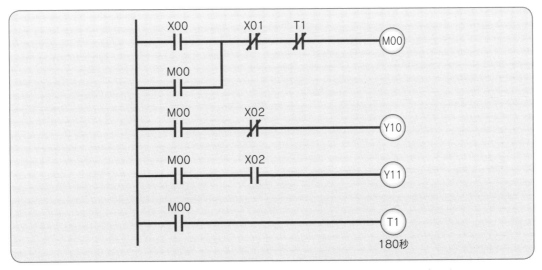

図7　センサがONしたらモータが逆転し、3分間経過すると停止するプログラム

タイマ2 定石20 ワーク持ち上がり防止のワーク押さえは時間をずらして動作させる

治具に載せられたワークに刻印などの作業をするときに、作業が終わったときに刻印ヘッドの上昇と一緒にワークが持ち上がってしまうことがあります。その持ち上がり対策として、ワーク押さえを付けることがあります。ワーク押さえを付けたときには、刻印ヘッドとワーク押さえの動作を時間差をつけて制御します。

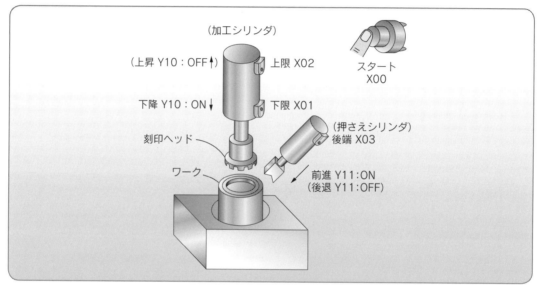

図1　システム図

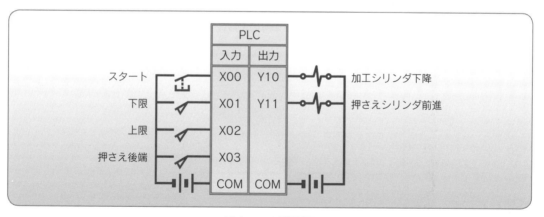

図2　PLC配線図

図1システムにおいて加工シリンダが下降したときにワークに加工ヘッドが喰いつくと、シリンダの上昇とともにワークが加工ヘッドに付いたまま持ち上がってしまいます。

この持ち上がりを解消するために押さえシリンダを追加して、加工シリンダがワークから離れるまでの間押さえておくようにすることがあります。

先に押さえがワークを押さえて、加工ヘッドが上がってから押さえをはずすプログラムは**図3**のようになります。

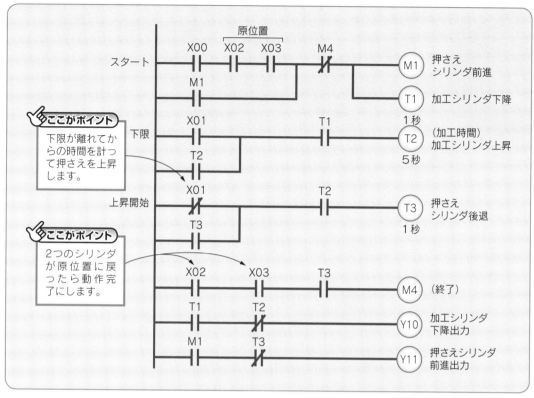

図3　ワーク押さえを遅れて動作するプログラム

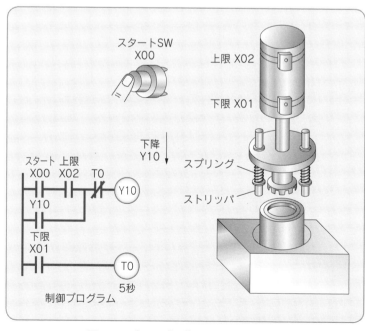

図4　スプリングを使ったワーク押さえ

　押さえシリンダを使わずにメカニズムでワークを押さえるようにしたものが**図4**です。ストリッパ部分が加工ヘッドよりも早くワークに接触してワークを押さえ、加工ヘッドが上がると後からストリッパがワークから離れるようになっています。

　この装置の制御は単純に加工ヘッドを上下すれば、ストリッパと呼ばれるワーク押さえは遅れて動作するので、制御プログラムもシンプルになります。

　スプリングを使うと機械的に時間遅れ動作をつくることができるのです。

定石21 タイマ3 シリンダをストロークエンドまで動作させるにはタイマを使う

シリンダのリミットスイッチはストロークエンドの少し手前でONするので、きっちりストロークエンドまで到達させる必要のある場所では、タイマを使ってソレノイドバルブが切り替わっている時間を延長して制御します。手動操作でソレノイドバルブを制御する場合にも、きっちり1ストローク分動作するようにタイマを有効にしておきます。

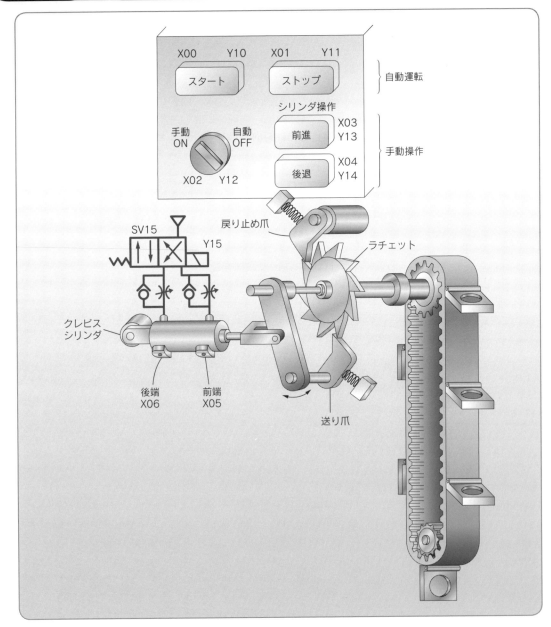

図1　システム図

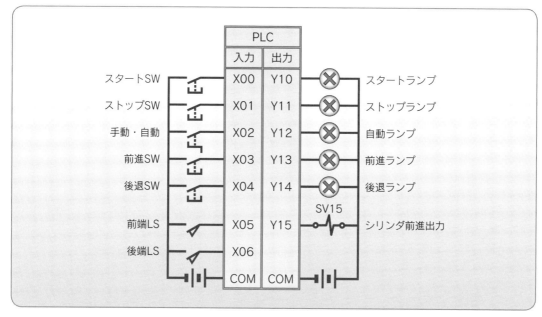

図2　PLC 配線図

(1) 装置の概要

図1は、ラチェットを使ったベルト送り装置です。PLC には図2のように配線されています。クレビスシリンダでラチェットの送り爪を回転し、ラチェットを決められた歯数だけ送るようになっています。シリンダがきちっとストロークエンドまで動作したときに正しくベルトが送られるので、自動運転でも手動操作のときにも、毎回ストロークエンドの間を往復するようにソレノイドバルブを制御してシリンダを動かします。

(2) 自動運転のプログラム

図3のプログラムでは、前端と後端のリミットスイッチの信号が入ったとたんにソレノイドバルブを切り替えているので、シリンダがストロークエンドに達しない状態で往復することになり、正しいストロークを得ることができません。

(3) シリンダの特性を考慮したプログラム

そこで、図4のようにプログラムを変更します。前端信号 X05 に2秒のタイマ T1 を付けて、タイマの接点を前端信号の代わりに使うことで、前端信号を受け取ってからしばらく時間待ちをしてから後退するプログラムになっています。また、シリンダが後端に戻ってから前進を開始するまでの時間はタイマ T2 を使って調整しています。シリンダの戻り時間に T2 が自己保持になるまでの時間を足したものがベルトの停止時間になります。

(4) 手動で操作するときのプログラム

図5は手動で操作する場合のプログラムですが、この場合にもシリンダがストロークエンドまできっちり動作するように、前端信号 X05 をタイマ T5 で置き替え、後端信号 X06 もタイマ T6 で置き替えて往復のスタートタイミングをつくっています。

定石21　シリンダをストロークエンドまで動作させるにはタイマを使う

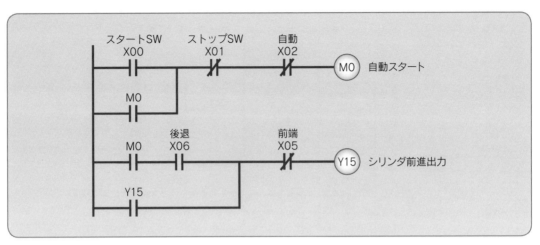

図3　シリンダがストロークエンドまで動作しないプログラム

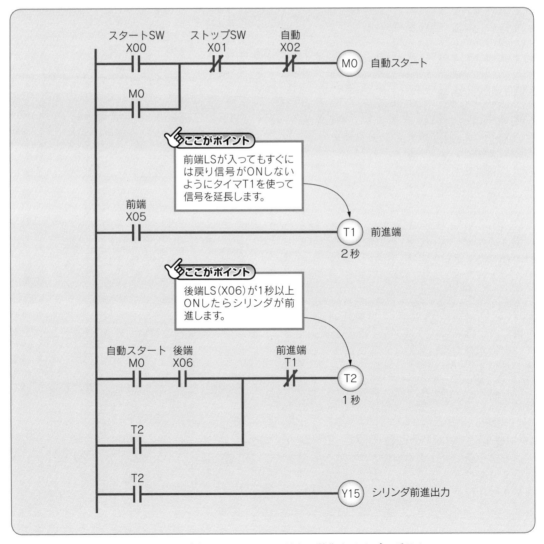

図4　シリンダをストロークエンドまで動作させるプログラム

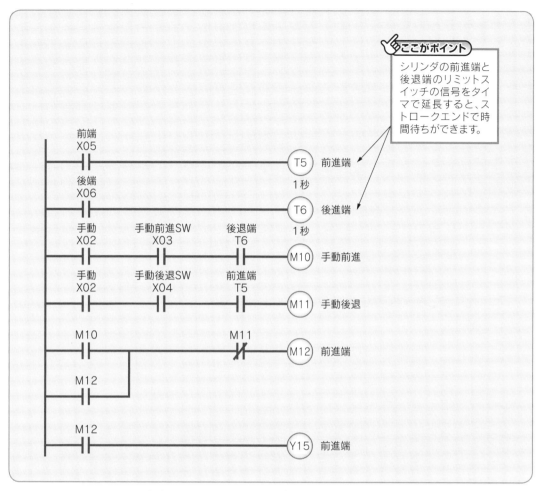

図5 手動操作でもタイミングがずれないようにしたプログラム

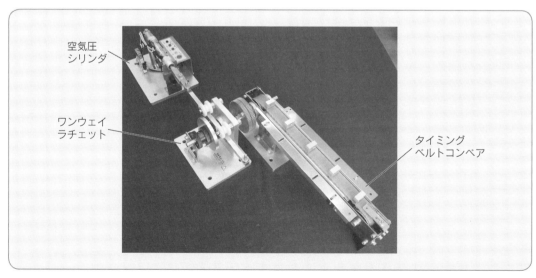

写真1 MM3000による構成例

定石22 タイマ4 長い時間を計測するにはタイマとカウンタを組み合わせる

通常のタイマの設定値は、4桁の2進化十進数を使っていて、0000から9999までの整数で設定します。一般のタイマによる計数は0.1秒単位で行うので、0秒から999.9秒（16分強）まで数えられます。設定値を9000にして900秒に設定すると15分になり、15分を4回数えて1時間を計測します。逆に短い時間を計測するには0.01秒単位の高速タイマを使用します。

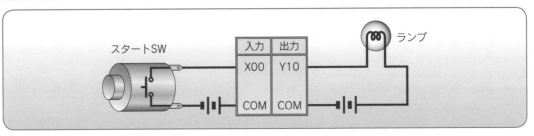

図1　システム図

　図1の装置を使ってスタートSWを押したら、ランプが点灯して1時間でランプを消灯するようにプログラムしてみます。
　一般のタイマでは0.1秒単位に時間をカウントして9999までカウントできます。最大999.9秒ですから16分39.9秒まで数えられます。そこで1つのタイマで15分数えて、これを4回繰り返せば1時間になります。15分だと9000回カウントすることになります。0.1秒ごとに9000回カウントする数をK9000と書くことにしてみると、スタートSWを押したら15分経過したときにランプを消灯するプログラムは図2のようになります。

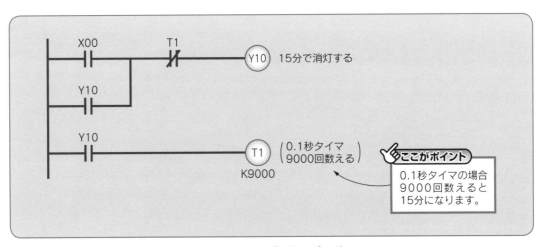

図2　15分でランプを消すプログラム

　15分を4回数えると1時間になるので、タイマで15分計測するごとにカウンタで1回数えて、カウント値が4になったら消灯するようにしたのが図3のプログラムです。

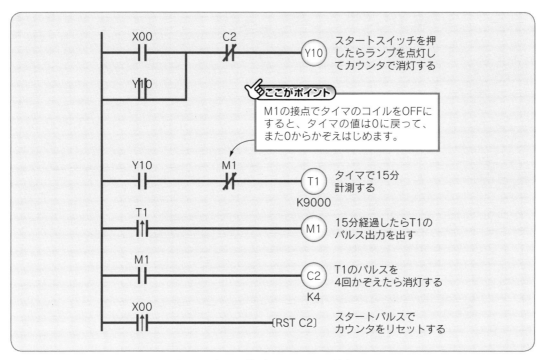

図3 カウント値が4になったら消灯する

図3のプログラムは**図4**のようにもう少し簡単に記述することもできます。この場合T1の出力は1スキャンだけONするのでT1の接点はパルスになっています。

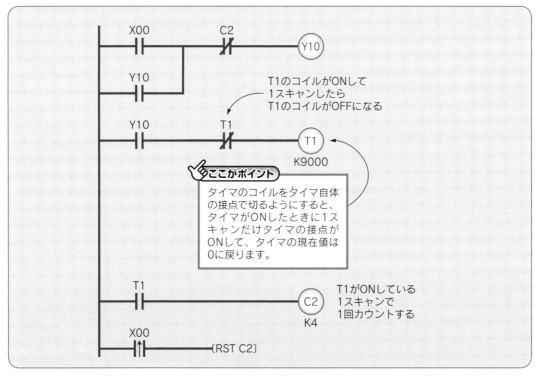

図4 1時間を計測するプログラム

タイマ 5

定石 23 時間を計測し直すときはタイマの入力をいったん OFF にする

エスカレータに人が侵入してきたときにエスカレータのモータを起動して、人が降りる頃にエスカレータを停止する装置では、人が入るたびにタイマの計測値をゼロに戻す必要があります。タイマの計測値をゼロに戻すには、タイマのコイルの通電を一瞬でもOFFにすればよいので、センサの信号で直接タイマのコイルの通電を切るようにします。

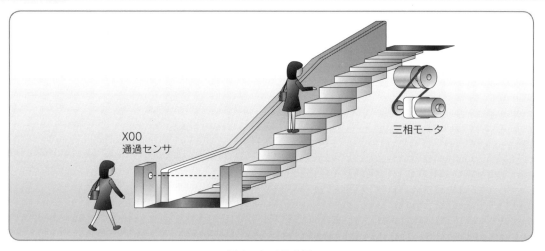

図1　システム図

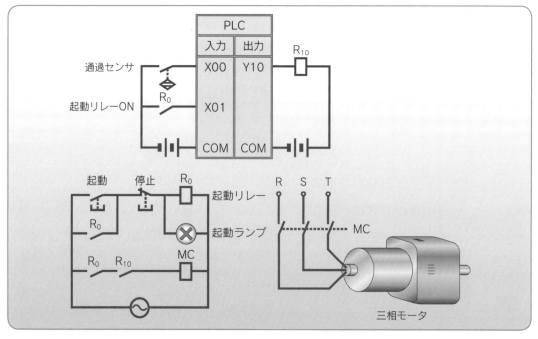

図2　制御装置

図1のエスカレータは**図2**の制御装置で駆動しています。人がセンサのところを通過すると、エスカレータが動き出して人が登り切った頃に自動停止するので、基本的にはセンサ入力 X00 でモータ出力 Y10 を自己保持にして、時間が経過したら停止するようにプログラムします。

　エスカレータの動作時間を 10 秒とすると、**図3**のようにタイマで停止するプログラムが考えられます。しかしながら、前の人が入ってから 5 秒してから次の人が入って来ると、次の人は 5 秒間しかエスカレータが動かないので、途中で停止してしまいます。

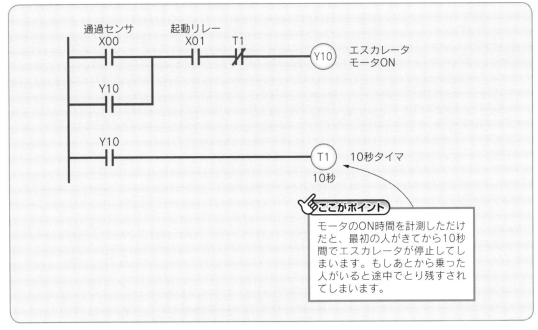

図3　人が来てから 10 秒で停止するプログラム

　そこで次の人が入ってきた信号 X00 を使って、タイマのカウント値をいったん 0 にしてやる必要があります。タイマのカウント値を 0 に戻すには、タイマのコイルへの通電を一瞬でも切ればよいので、**図4**のようにプログラムを変更します。

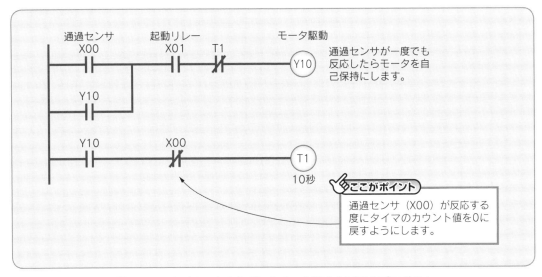

図4　センサが ON するたびにタイマの値を 0 に戻すプログラム

カウンタ1 定石24 モータの出力軸の回転回数をかぞえるにはカウンタを使う

カウンタは、カウンタのコイルに入力する信号の立ち上がりをとらえて計数値を1つ繰り上げます。カウント数が設定値になるとカウンタはその接点を切り替えます。カウンタはコイルへの通電の立ち上がりを使うので、コイルへの通電はオンオフを繰り返しても計数値は保持されるようになっています。計数値を0に戻すにはリセット命令を使います。

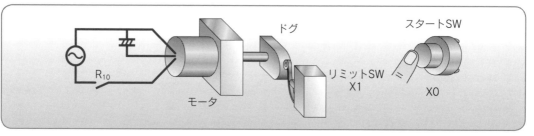

図1 システム図

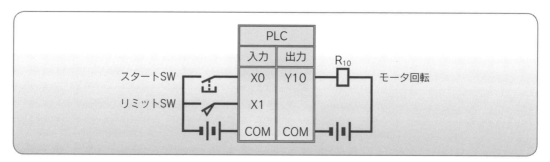

図2 PLC配線図

　図1のモータを回転して、20回まわったら停止するプログラムを考えてみましょう。PLCにはスイッチとリレーが図2のように配線されているので、PLCのY10に出力してリレーR_{10}をONにするとモータが回転します。20回まわったことはカウンタで数えます。モータの回転を開始するのはスタートSW（X0）で、モータを停止するのはカウンタですから、カウンタをC0とすると、図3のような関係になります。これを自己保持回路を使って記述すると図4のようになります。

　次に、C0の接点がリミットスイッチのON/OFFの回数を20回かぞえたときに切り替わるようにします。カウンタはカウントする入力信号の立上りをとらえて、カウント数を1つ繰り上げます。このカウント値は「カウンタの現在値」と呼ばれます。この装置ではリミットSW（X1）の立上りの数をかぞえればよいから図5のようにします。

　リミットSW（X1）がOFFからONに20回切り替わると、C0の接点が切り替わります。C0の接点が切り替わると $\dashv\!\!\!/\!\!\!\vdash^{C0}$ の接点が開いて、モータを回転する出力リレーY10はOFFになります。

　切り替わったC0のコイルはそのままの状態を保つので、コイルをOFFにするには、カウントしている現在値を0に戻す必要があります。現在値を0に戻すにはリセット命令（RST）を使います。たとえば、スタートSWで0にリセットするなら図6のようにします。

　プログラム全体は図7のようになります。

図3　カウンタをC0とする

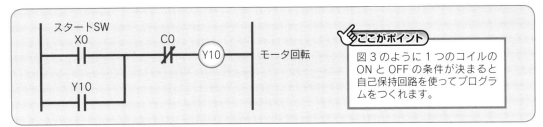

図4　自己保持回路

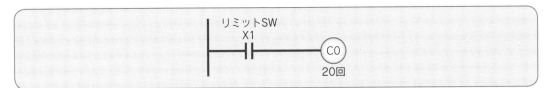

図5　リミットSWの立上り数をかぞえる

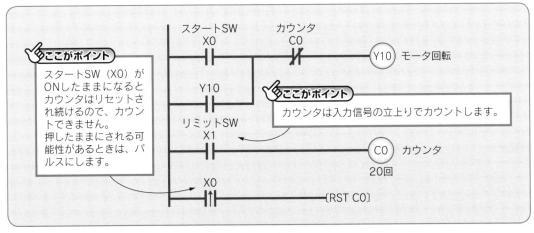

図6　スタートSWでC0の値を0にリセットする

図7　全体プログラム

カウンタ2 定石25 カウンタをカウンタ自体の接点でリセットするにはリセット回路をコイルの直前に記述する

カウンタが設定値に達したら、カウンタ自体の接点でカウンタの現在値を0に戻すことがよくあります。このとき、カウンタがリセットされる直前にカウンタの接点を1スキャンだけONさせなくてはなりません。カウンタの接点をコイルの位置から確実に1スキャンだけONさせるためには、カウンタのリセット回路はカウンタのコイルの直前に記述します。

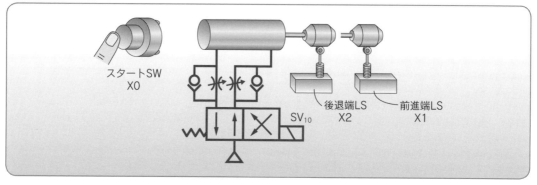

図1　システム図

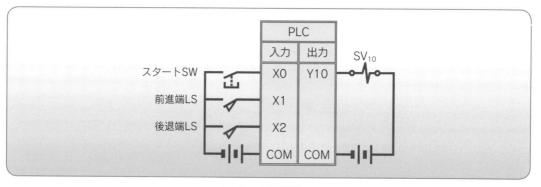

図2　PLC配線図

　図1のような簡単な装置を使ってスタートSWを押すとシリンダが往復運動をはじめて、5回往復すると停止するように制御してみます。PLCの配線は図2のようになっているものとします。

（1）連続運転信号のプログラム

　シリンダを連続して往復させるために連続運転信号をつくります。
　スタートSWで連続運転を開始して、カウンタC1で連続運転を止めるようにします。連続運転の信号を記憶する内部リレーM1とすると、M1はX0でONしてカウンタC1の接点でOFFにするから図3のように表現できます。

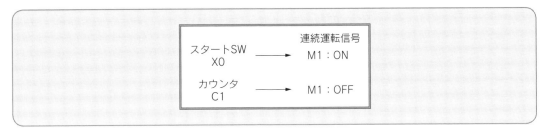

図3 カウンタC1の接点でOFFにする

M1のコイルに対してONする条件がX0で、OFFする条件がC1になるので、これを自己保持回路のパターンにあてはめると図4のようになります。

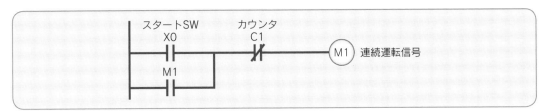

図4 自己保持回路のパターン

(2) シリンダの往復プログラム

シリンダを往復するには、後退端X2の信号で前進して、前進端（X1）の信号で後退すればよいので、その開始条件に連続運転信号を加えると、図5のようになります。

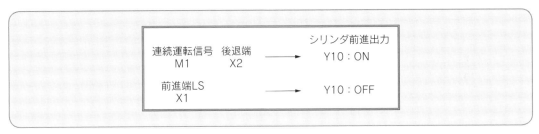

図5 連続運転信号を加える

これを自己保持回路のパターンに落とし込むと図6のようになります。

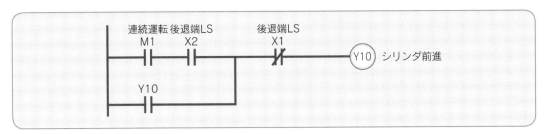

図6 自己保持回路にする

(3) 往復回数をカウントするプログラム

シリンダの往復回数をカウントするには前進端LS（X1）がOFFからONに変化することを利用して図7のように書けます。

定石 25 カウンタをカウンタ自体の接点でリセットするにはリセット回路をコイルの直前に記述する

図7　シリンダの往復回数をカウントする

　C1 の現在値が 5 になると、M1 の自己保持が解除されます。その後、すぐに C1 をリセットして C1 の現在値を 0 に戻すには、C1 の接点が ON したときに C1 の現在値を 0 に戻せばよいから、**図 8** のようなリセットプログラムになります。

図8　C1 の接点を ON にした

　このリセットは、自己保持になっている M1 を ─|/|─ で OFF にしたあとに実行しなくてはならないために C1 のコイルの直前に配置します。

（4）全体のプログラム

　全体のプログラムは**図 9**のようになります。
　①のスタート SW を押すと M1 が自己保持になります。M1 が ON すると、②の回路が働いて Y10 が ON になりシリンダが前進します。前進端 LS（X1）が ON するとシリンダが後退して、後退端 LS（X2）に達するとまた Y10 が ON になるので再度前進します。
　④の回路で前進端に達した数をカウントして行き、─|X1|─ が 5 回 OFF から ON に変化すると①にある C1 の b 接点が開くので M1 の自己保持が解除されます。②の回路に使われている M1 の a 接点が開くのでシリンダは前進しなくなります。その直後、③の回路で C1 の現在値をリセットするので、C1 のカウント値は 0 に戻って次のスタート SW 待ちとなるのです。
　一方、①の回路のスタート SW はずっと押していると M1 が ON したままになって停止しないので、─|↑X0|─ とパルスにした方がよいでしょう。

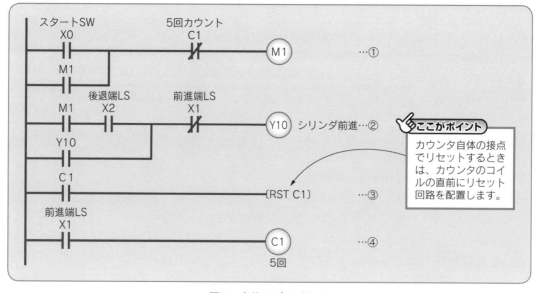

図9　全体のプログラム

ここがポイント
カウンタ自体の接点でリセットするときは、カウンタのコイルの直前にリセット回路を配置します。

カウンタ3

定石26 整列個数のカウントはワークの移動完了信号を使う（姿勢制御型の場合）

決められた個数だけワークを整列して、まとめて次の工程に送り出すときには、整列したワークの個数はカウンタでかぞえます。1つのワークの整列に1回のシリンダの動作が必要なときはシリンダの動作回数を計数して、まとめたワークを次の工程に送り出します。送り出しが完了した信号でカウンタの計数値を0にリセットします。

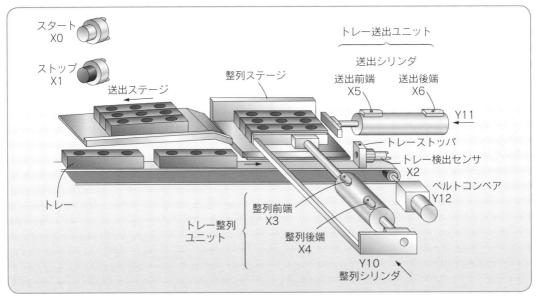

図1　システム図

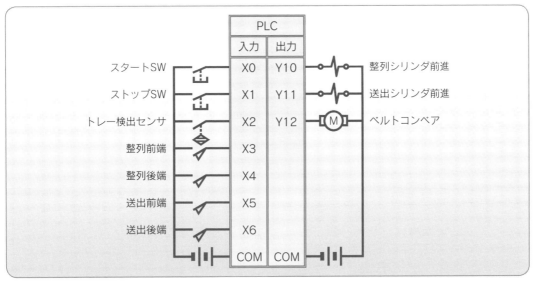

図2　PLC配線図

定石26　整列個数のカウントはワークの移動完了信号を使う（姿勢制御型の場合）

（1）動作説明

コンベアで図1の左側から送られてくる長方形のトレーがストッパに当たって停止します。コンベアを停止し、整列シリンダを前進して、トレーを整列ステージに1本送り込みます。この動作を繰り返して、トレーを3本送り込んだら、送出シリンダを前進して送出ステージに3本まとめて移動します。送り込んだトレーの数はカウンタでかぞえるようにします。

（2）姿勢制御型のプログラム

この動作を姿勢制御型のプログラムで記述してみます。

スタートスイッチの信号X0がONしたことは、内部リレーM0に記憶して、ストップ信号X1でOFFにするので、自己保持回路を使って図3のようにプログラムできます。

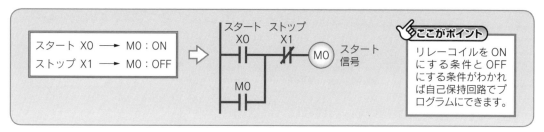

図3　自己保持回路を使ったスタート信号

整列シリンダの前進する条件は、スタート信号がONしていて、カウンタがOFF、トレー検出センサがON、整列シリンダと送込シリンダが原点にあるときになります。後退する条件は整列シリンダの前進端リミットスイッチがONになったときですから、整列シリンダの前進出力リレーY10をON/OFFするプログラムは図4のようになります。

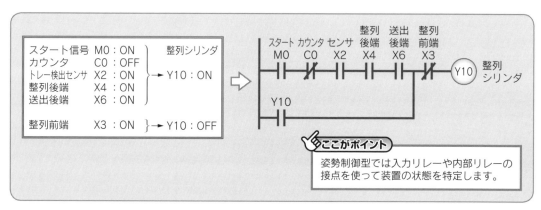

図4　整列シリンダの出力制御

整列数のカウントは、整列シリンダが前進端に到着した回数をカウンタC0で数えることにすると、図5のようなプログラムになります。

図5　整列数のカウント

送出シリンダは、このカウンタC0の接点がONして整列シリンダが後退端に戻ったときに動作を開始します。送出前端のリミットスイッチが働いたら送出シリンダを後退します。
　この条件を使って送出シリンダの前進出力リレーY11をON/OFFするプログラムは、**図6**のように記述できます。

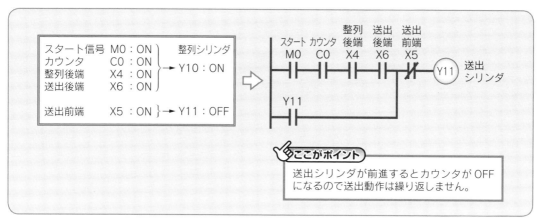

図6　送出シリンダの出力制御

　3本のトレーを送り出し終わったらカウンタC0をリセットします。送出前端がONしたときが送出を完了したときになりますから、プログラムは**図7**のように書けます。

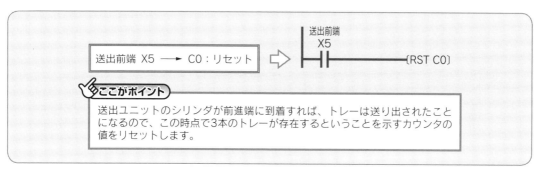

図7　カウンタのリセット

　トレーを供給するベルトコンベアは、スタート信号が入ると動き出しますが、コンベア先端のセンサがONすると停止します。さらに、整列シリンダが動作しているときも停止することになりますから、ベルトコンベアの駆動条件をつくってプログラムすると**図8**のようになります。

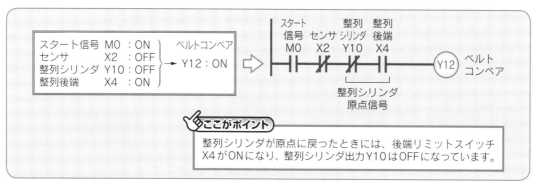

図8　ベルトコンベアの出力制御

定石26 整列個数のカウントはワークの移動完了信号を使う（姿勢制御型の場合）

以上のプログラムをまとめて書くと図9のようになります。

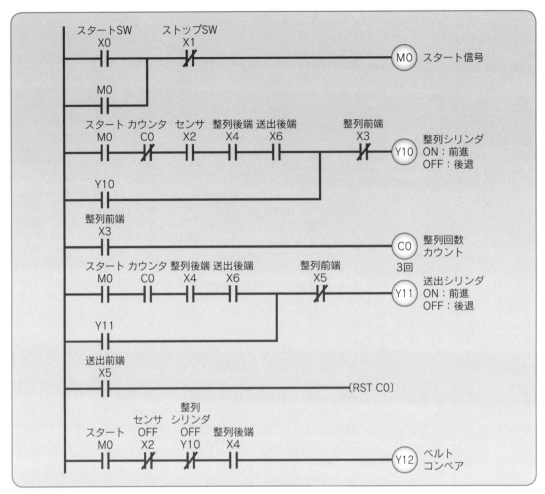

図9　全プログラム

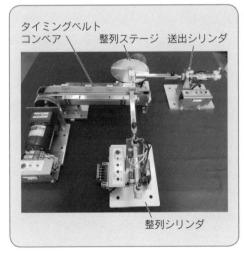

写真1　MM3000による構成例

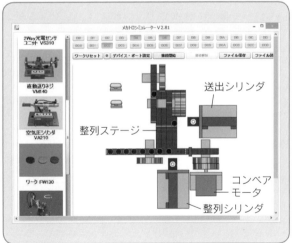

画面1　メカトロシミュレータによる構成例

カウンタ 4

定石 27

整列個数のリセットは整列したワークの送出し完了信号を使う（状態遷移型の場合）

状態遷移型のプログラムでは、ワークの整列作業と、整列したワークの送り出し作業を、それぞれ独立したプログラムとして記述して、あとで信号の受け渡しを行います。整列したワークの数は整列作業の終了時にカウンタで計数し、送り出し作業が完了した時点でカウンタをリセットして計数値を0に戻します。

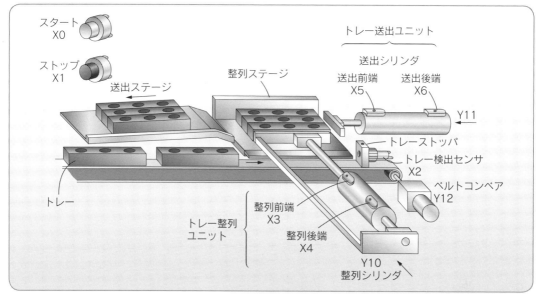

図1　システム図

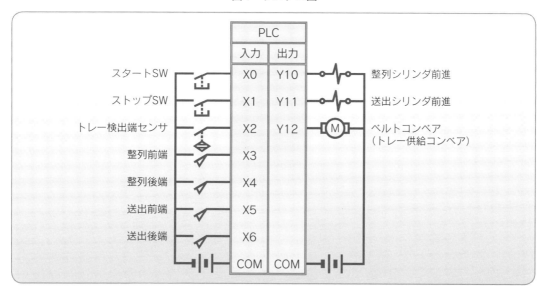

図2　PLC配線図

定石27　整列個数のリセットは整列したワークの送出し完了信号を使う（状態遷移型の場合）

（1）動作説明
図1のように、コンベアで図の左側から送られてくる長方形のトレーがストッパに当たって停止します。コンベアを停止し、整列シリンダを前進して、トレーを整列ステージに1本ずつ送り込みます。送り込んだトレーの数はカウンタでかぞえます。トレーを3本送り込んだら、送出シリンダを前進して3本まとめて送出ステージに移動します。

（2）状態遷移型のプログラム
状態遷移型でプログラムを記述するときには、まず全体を単独の作業ユニットに分割して、ユニットごとにサイクル運転するプログラムを考えます。
この装置は、次の4つのユニットで構成されています。
　①自動運転制御部　　　（X0、X1）
　②トレー供給コンベア　（X2、Y12）
　③トレー整列ユニット　（X3、X4、Y10）
　④トレー送出ユニット　（X5、X6、Y11）
これらを個別に動作プログラムを記述して、あとで動作タイミングのための信号の受渡しを行う部分を追加するようにします。

(2)-1　自動運転制御部
自動運転の信号はスタートSWで連続運転してストップSWで停止します。自動運転をスタートするときには全ユニットが原位置にある必要があるので、全ユニット原位置のリレーを仮にM100としてプログラムしておきます。

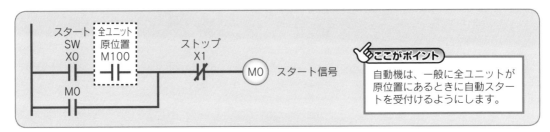

図3　自動運転制御

(2)-2　トレー供給コンベアの動作プログラム
トレー供給コンベアはスタート信号M0がONしたときに動作を開始しますが、トレーがコンベア先端センサの位置にきたときに停止しなければなりません。その後、トレー整列ユニットが動作を開始しますが、トレー整列ユニットの動作中はコンベアを停止しておきます。トレー整列ユニットが停止しているときの信号をM101としておき、プログラムすると図4のようになります。

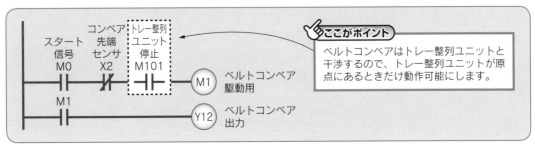

図4　トレー供給コンベアの動作プログラム

(2)-3 トレー整列ユニットの動作プログラム

　トレー整列ユニットは、トレーがコンベア先端に到着したら動作を開始します。ただし、整列したトレーの数が3個になると動作せず、トレー送出ユニットの動作が完了するのを待つことになります。このプログラムを状態遷移型で記述すると図5のようになります。

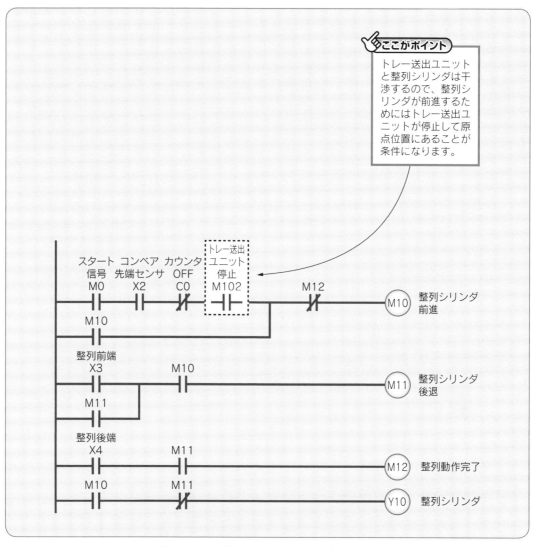

図5　トレー整列ユニットの動作プログラム

　M11がONしたときにトレー1個分の整列が完了したことになるので、図6のようにM11でカウンタC0のカウント値を1つ繰り上げます。

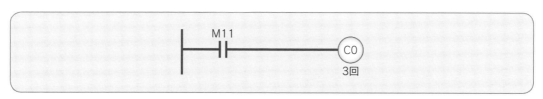

図6　M11がONしたときにカウントする

定石27　整列個数のリセットは整列したワークの送出し完了信号を使う（状態遷移型の場合）

(2)-4　トレー送出ユニットの動作プログラム

トレー送出ユニットはカウンタ C0 がトレーを 3 個数えたときに動作しますが、整列シリンダが動作を完了するまでスタートするのを待つことになります。あとでトレー整列ユニットが停止しているときに ON となる信号 M101 をつくることにしてプログラムすると図7のようになります。

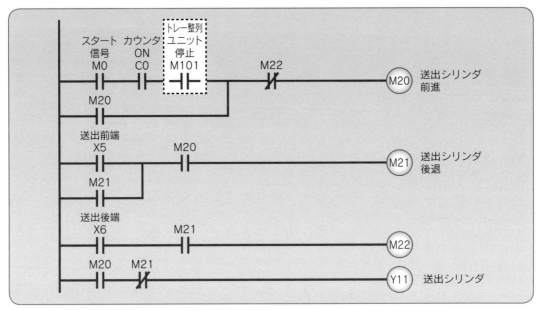

図7　トレー送出ユニットの動作プログラム

M21 が ON したときに 3 列のトレーが送出ステージに送り出されたことになるので、この時点でカウンタ C0 をリセットして、現在値を 0 に戻します。これは図8のようにプログラムします。

図8　カウンタ C0 をリセットし現在値を 0 に戻す

全ユニットの原位置信号 M100 は、ユニットの動作が停止していて原点位置を示す入力が入っているときですから、図9のようになります。

図9　全ユニットの原位置信号

トレー整列ユニットの停止信号を M101 とすると、図10のように記述できます。
トレー送出ユニットの停止信号は図11のようになります。

図10　トレー整列ユニットの停止信号　　図11　トレー送出ユニットの停止信号

状態遷移型で記述した全体のプログラムは図12のようになります。

86　第3章　タイマとカウンタを使いこなす

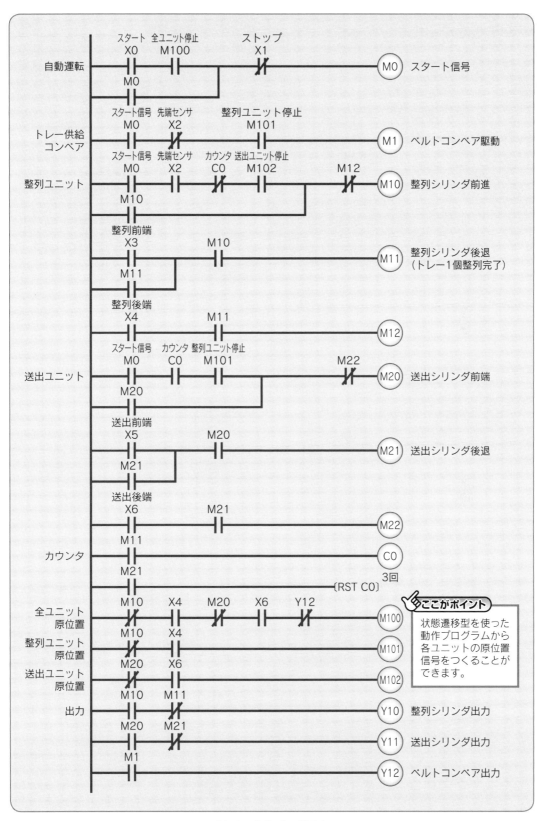

図12　全体プログラム

各定石の実機例とシミュレーション画面（その②）

定石27（カウンタ4）　コンベアで送られてきたワークを整列ステージに並べて送り出すシステムの構築例

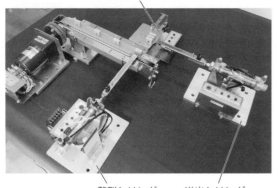
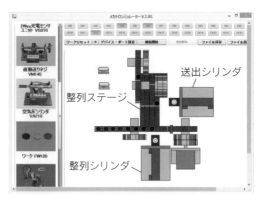

定石30（インデックス1）　回転型インデックステーブルを角度分割送り

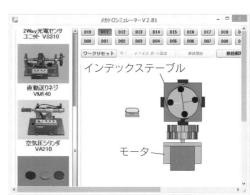

定石31（インデックス2）　インデックス型ワーク搬送と作業ユニットの協調動作。

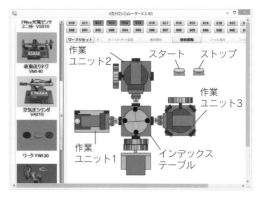

〔MM3000による構成例〕　　　　　　　　　〔メカトロシミュレータによる構成例〕

第4章

インターロックと インデックス

安全に操作するためのインターロックの考え方を実際の機械装置を例にとって解説します。また、複数のユニットが同時に作業するインデックステーブル型の自動機を例にとって、テーブルの回転と周辺の作業ユニットがぶつからないように、協調して制御するためのプログラムの定石を紹介します。

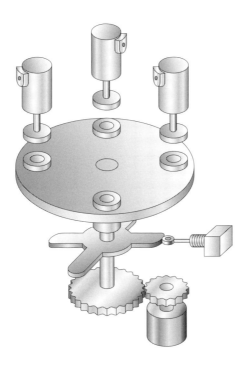

スタート　ストップ

インターロック1 定石28 インターロックは片側優先・先入優先・停止優先を使い分ける

正転と逆転の信号を同時に入れるとモータが焼けて破損することがあるので、モータの制御回路には出力インターロックを入れることがありますが、出力インターロックは先に回転し出した方が優先的に動作して、逆転信号が同時に入っても停止しません。モータを操作する側から見ると、正転と逆転の信号を同時に入れた時には停止させたいことも少なくありません。この場合には、停止優先のインターロックをかけるようにします。

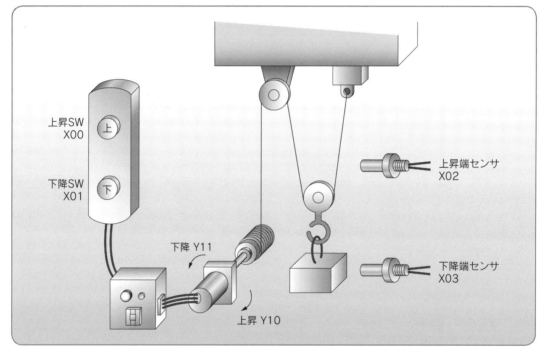

図1　システム図

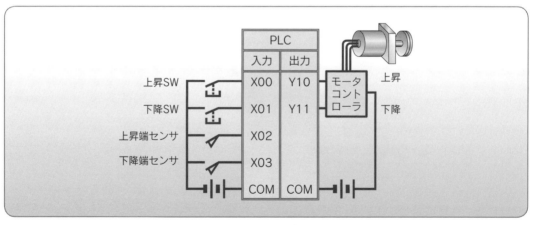

図2　PLC配線図

図1は重量物をモータで吊り上げたり、降ろしたりする装置です。作業者が上昇SWと下降SWで操作します。上限と下限の信号はセンサで検出できるようになっています。PLCでは図2のように配線されています。

(1) 下降出力に出力インターロックを付けると上昇優先になる

図3のようにすると上昇SWと下降SWの両方を押したときに上昇優先となります。上昇方向が安全な場合には誤って両方押したときに上昇するようにしておくこともあります。

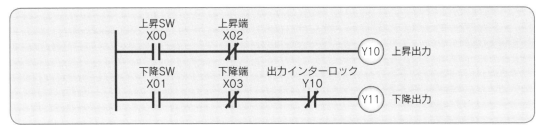

図3　片側優先のインターロック

(2) 両方の出力に出力インターロックをつけると先入優先になる

図4のように両方の出力インターロックをとると、先にONした出力が優先されます。たとえば上昇SW（X00）を押したままにしてY10をONすると、あとから下降SW（X01）を押しても上昇を続けることになるのです。逆に下降SW（X01）を先に押しているときには、上昇SW（X01）をONにしても下降を続けます。

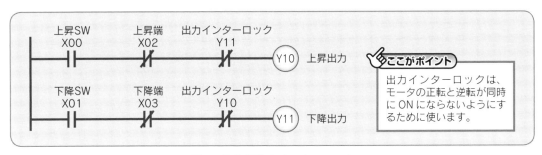

図4　先入優先のインターロック

ここがポイント
出力インターロックは、モータの正転と逆転が同時にONにならないようにするために使います。

(3) 両方のスイッチを押したとき停止させるには入力インターロックを使う

図5のように上昇SW・下降SWのb接点を使って入力インターロックをかけると、両方のスイッチを押したときにモータ出力は両方とも停止します。

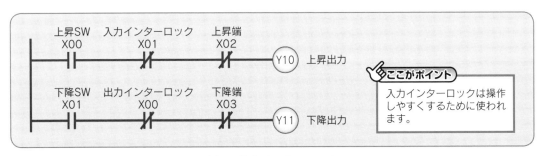

図5　入力インターロック

ここがポイント
入力インターロックは操作しやすくするために使われます。

インターロック2 定石29 裏返しユニットがぶつからないようにするにはインターロックをかける

機械装置の出力を切り替えた時に、装置の姿勢によっては機械的に衝突したり引っかかってしまったりすることがあります。手動で出力を1つひとつ切り替える操作をしているときでも、操作してはいけない出力を誤って切り替えて破損してしまうことが起こり得ます。機械が衝突する可能性のある場所は、リミットスイッチの信号を使うなどして誤って操作しても事故にならないようにインターロックをかけておきます。

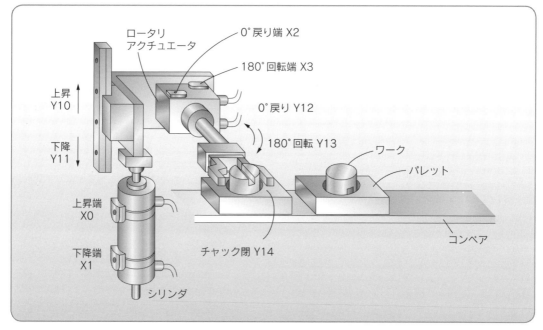

図1　システム図

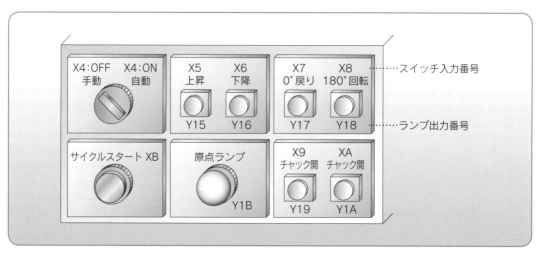

図2　操作パネル

92　第4章　インターロックとインデックス

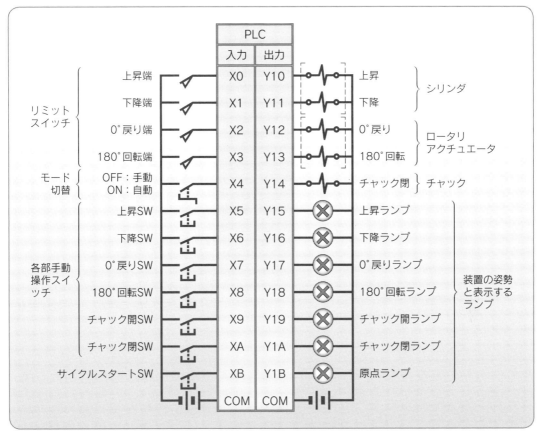

図3 PLC 配線図

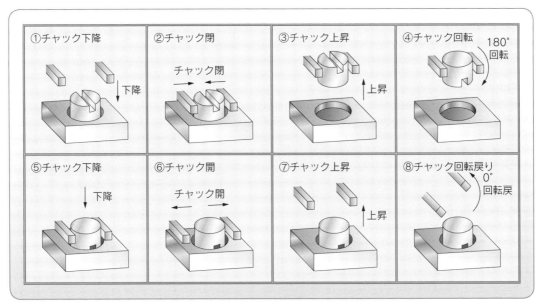

図4 動作順序図

定石29　裏返しユニットがぶつからないようにするにはインターロックをかける

(1) 装置の動作
　図1はパレット上のワークを裏返してパレットに戻す装置です。図2はその操作パネル、図3はPLCの配線図です。ワークを裏返す動作は図4の動作順序図に示す①〜⑧の8段階になっています。この装置を操作ミスをしないように手動操作するプログラムと、自動で1サイクル動作をするプログラムをつくってみましょう。

　注意する点はチャックの回転で、下に降りているときに回転するとチャックがパレットにぶつかってしまうことです。

(2) 手動操作のプログラム

(2)-1　上昇させる手動操作プログラム

　上昇はチャックのぶつかりをなくす安全な方向なので、図5のように手動時はいつでも上昇できるようにプログラムします。ここでは内部リレーM1をONにするだけにして、出力リレーY10を実際にON/OFFするプログラムはあとでまとめて記述します。チャックが上昇端に移動したら上昇ランプを点灯します。

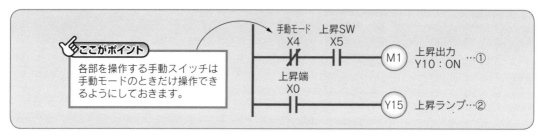

図5　上昇の手動操作

(2)-2　下降させる手動操作プログラム

　下降出力をするときには、図1のように、チャックが中途半端な位置でなく、180°回転端か0°戻り端に固定されているという条件が必要です。さらに他の手動操作を行なっていないことを条件につけ加えます。このプログラムは図6のようになります。ここでは下降出力信号としてM2をつくっておき、出力リレーY11のプログラムはあとでまとめて記述します。

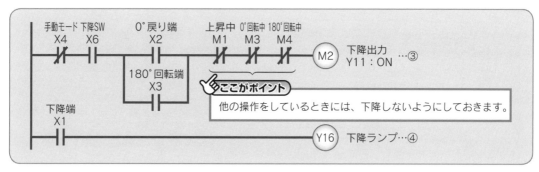

図6　下降の手動操作

(2)-3　チャックを回転する手動操作プログラム

　図7のようにチャックの回転出力は、上昇端にあるときにだけ切り替わるようにします。M3がONしたときにY12をONして、M4がONしたときにY13をONにしますが、この出力リレーのプログラムはあとでまとめて記述します。

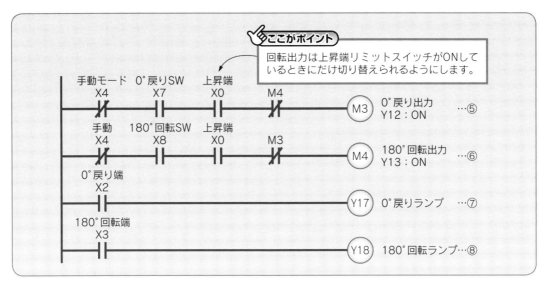

図7 チャック回転の手動操作

(2)-4 チャック開閉の手動操作プログラム

チャックの開閉は下降中でなければいつ行ってもよいので、M2以外の特別な条件は付けません。図8のようにシングルソレノイドバルブの場合、切り替えた信号は自己保持にしておきます。

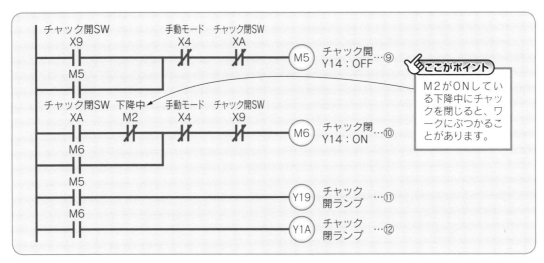

図8 チャック開閉の手動操作

(3) サイクル運転プログラム

自動モードにしてサイクルスタートSWを押すと、装置は動作順序の①〜⑧を順次行って停止するようにプログラムします。

(3)-1 原点信号

原点信号はリミットスイッチ、制御信号の2つでつくります。この装置のリミットスイッチのうち、上昇端X0と0°戻り端X2がONしているときが原点になります。M100を原点信号をあらわすリレーとすると、図9のようにプログラムすることができます。

定石 29 裏返しユニットがぶつからないようにするにはインターロックをかける

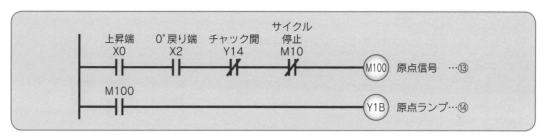

図9 原点信号

(3)-2　1サイクル動作の状態遷移部のプログラム

　1サイクル動作のプログラムを起動するときは、原点信号がONになっていることを確認します。自動運転のときのサイクル運転プログラムは図10のようになります。出力リレーの制御は出力制御部にまとめて記述します。

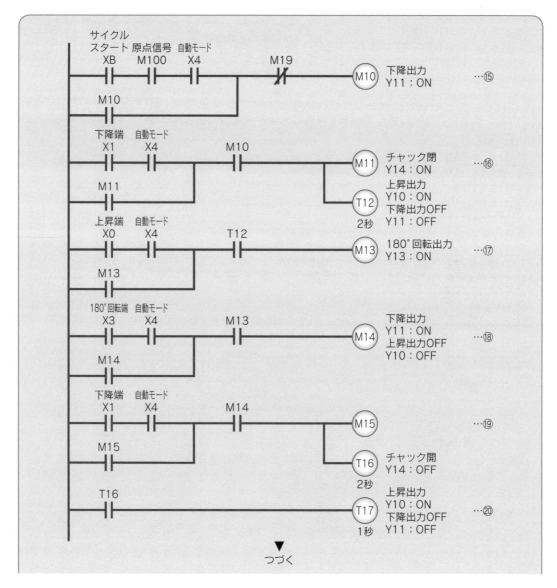

96　第4章　インターロックとインデックス

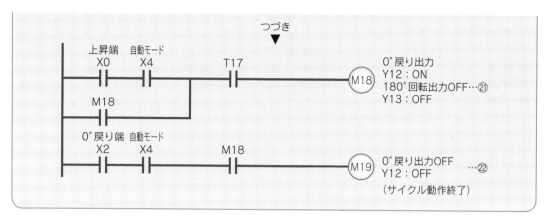

図10 1サイクル運転の状態遷移部

(4) 出力制御部

手動操作とサイクル運転プログラムの出力リレーをまとめて記述すると**図11**のようになります。

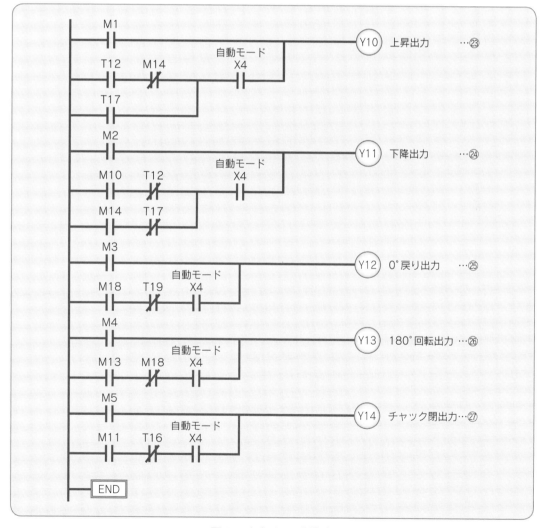

図11 出力リレー制御部

インデックス1 定石30 インデックステーブルの1回転停止は4つの制御型を使い分ける

モータの1回転停止のようなリミットスイッチを使った位置決めでは、リミットスイッチがONした瞬間にモータを停止すると、ドグがリミットスイッチに少しかかった状態で停止して、反対向きの力や振動が掛かった時にリミットスイッチが外れてしまうことがあります。ドグの停止位置を確認して、ドグの中央付近で確実に停止するようにタイマを使って制御します。

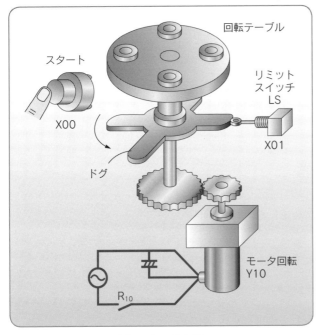

図1　システム図

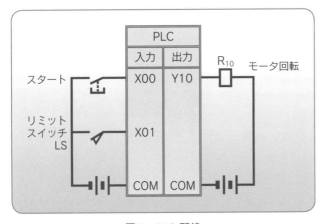

図2　PLC配線

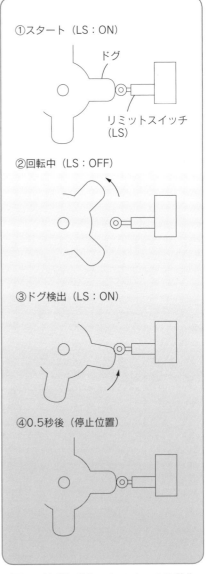

図3　ドグとリミットスイッチの動作

図1の回転テーブルで、スタートSWを押したらテーブルが90°回転して停止するように制御してみましょう。PLCには図2のように配線されているものとします。
　テーブルの位置を検出するリミットスイッチはひとつだけですが、テーブルの回転軸にドグが付いていて1つのリミットスイッチで4カ所の停止位置を検出することができます。
　スタート時は図3の①のようにリミットスイッチがONしていて、回転をはじめると②のようにいったんOFFになります。つづいて③のように、次のドグがリミットスイッチを押してリミットスイッチがONします。③になった瞬間にモータを停止するとドグが不安定な位置で止まってしまうので、0.5秒後にモータの電源を切って図3の④の位置で停止させるようにしてみます。
　このテーブルの動作はいくつかの制御方法を使ったプログラムで制御できます。

(1) 時間制御型
　時間制御型はスタートを押したときに、モータを回転してドグが抜けるまでの時間が経過してから次のドグがリミットスイッチを叩くのを待つ方法です。
　図4のプログラムでは、スタートスイッチでモータを回転してY10を自己保持にしてモータを回転しています。リミットスイッチがはずれる時間だけモータを回転し続けるために、タイマT1でモータを半ば強制的に回転しています。その後、リミットスイッチX1がONして0.5秒経過するとモータが停止します。

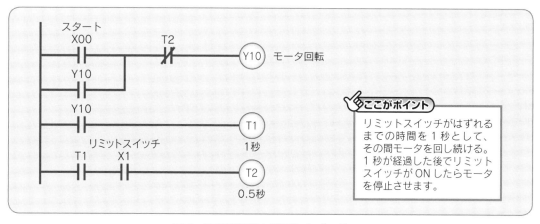

図4　時間制御型を利用したプログラム

(2) パルス制御型
　図5のようにリミットスイッチX01を0.5秒タイマT3で置き換えると、─| |─ がONになって0.5

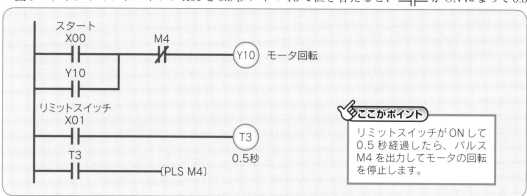

図5　パルス制御型のプログラム

定石30 インデックステーブルの1回転停止は4つの制御型を使い分ける

秒後に T3 が OFF から ON に変化します。この変化をパルス命令 PLS を使ってとらえた信号の M4 でモータを停止します。

T3 のパルスを使わずに Y10 の自己保持を T3 で解除してしまうと、はじめからモータが回転しません。

(3) イベント制御型

図3の①から④の状態になるたびに順番に記憶を切り替えて制御するイベント制御型を使ってみます。

図6のイベント制御型プログラムでは、スタートが入るとまず M1 が自己保持になります。モータが回転してリミットスイッチが OFF になると②の状態に移行して M2 が自己保持になり、M1 の自己保持が解除されます。さらにモータが回転して次のドグがリミットスイッチを叩くと③の状態に移行して M3 が自己保持になり、M2 の自己保持は解除されます。M3 が ON した瞬間がドグがリミットスイッチにさしかかったときですから、そこから 0.5 秒をタイマ T4 を使ってカウントしてモータを停止させています。

(4) 状態遷移型

図7の状態遷移型プログラムは、動作順序に従って変化する装置の状態を順番に記憶してゆき、その記憶を使って出力を切り替える方法です。

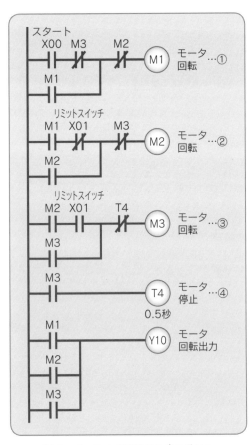

図6 イベント制御型のプログラム

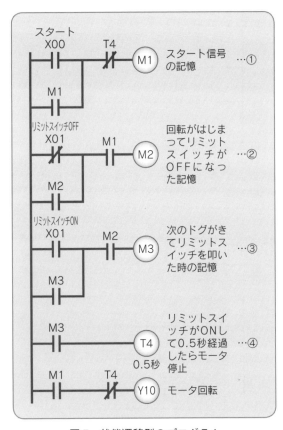

図7 状態遷移型のプログラム

インデックス2

インデックステーブル型自動機はテーブルの位置決め完了信号で作業を開始する

定石31

インデックステーブルユニットのステーションに作業ユニットが取り付けられた装置では、インデックスユニットの位置決めが完了した時に、各作業ユニットに対してスタート信号を入れるように制御します。作業ユニットの作業が全部終了したら、テーブルを回転して、ワークを次のステーションに送ります。

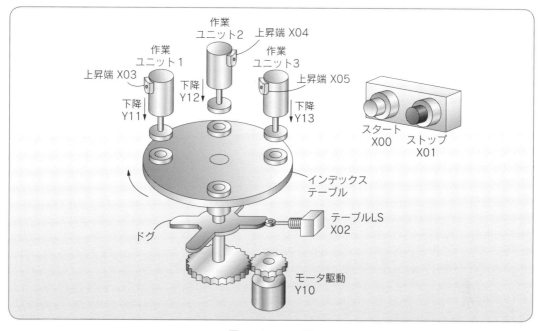

図1　システム図

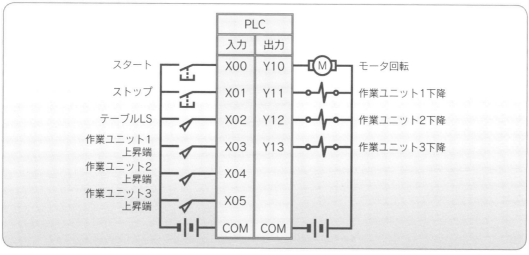

図2　PLC配線図

定石31　インデックステーブル型自動機はテーブルの位置決め完了信号で作業を開始する

　図1の装置は、インデックステーブルの作業ステーションに上下移動するシリンダで駆動する作業ユニットを取り付けてあるもので、PLCに図2のように配線されています。この装置の制御プログラムを図3のように記述しました。

　スタートSW（X00）を押して自動運転を開始すると、モータY10が起動します。回転した結果、次のドグがONになるとテーブルLS（X02）がOFFからONに切り替わるので、そのときのパルス信号M2を使ってモータを停止します。これと同時に各作業ユニットの下降出力をONにして作業を開始します。

　作業が完了し、全作業ユニットが上昇端に戻った信号（M100）がONしたら、再度モータを回転してテーブルを90°回転させます。テーブルが回転し終わるとテーブルLSのパルス出力がONになるので、その信号を置き換えているM2もパルスになります。

　Y11、Y12、Y13の出力はM2がONになった直後にONになるので、この時点で全原位置信号M100がOFFになります。そうすると、テーブル回転用のリレーM1はONになれなくなるので、テーブルは停止したままになります。Y11、Y12、Y13がONになると各作業ユニットのシリンダが下降します。その後タイマT1、T2、T3がONすると自己保持になっていたY11、Y12、Y13がOFFになりますが、このとき、原点を示すX3、X4、X5の上昇端信号が入っていないので全原位置信号M100はONになりません。

　その後、全シリンダの上昇端がONになると全原位置信号M100のリレーがONになるので、テーブルの次の回転が開始するのです。

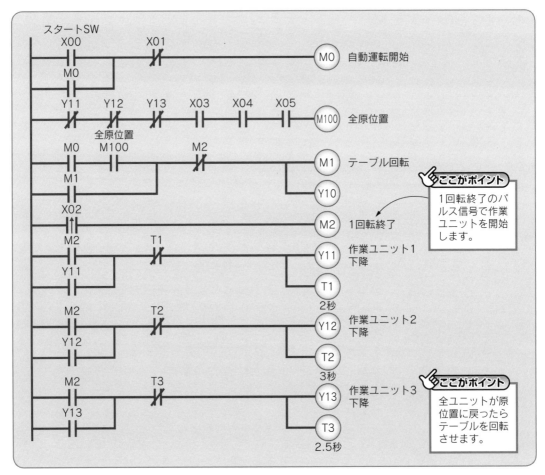

図3　制御プログラム

第5章
ワークセット信号の扱い方

ワークを格納したり、取り出したりするストッカを利用した装置では、ワークを格納した信号を記憶して、取り出したときにはその記憶をリセットします。ワークがどこにあるのかを表わすプログラムの定石を紹介します。

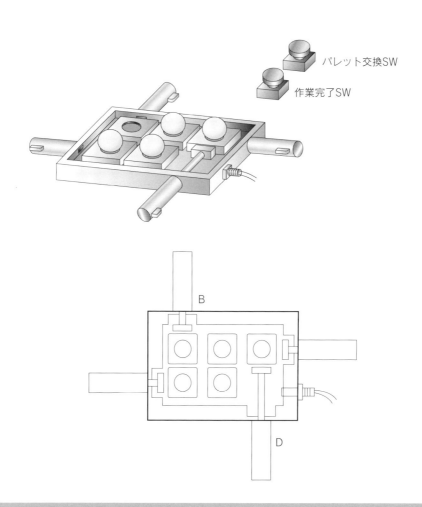

ストッカー1

定石32 棚に格納したワークの有無信号はSET/RST命令でON/OFFする

ストッカーや倉庫にワークをセットしたら、その場所を覚えておくために、ワークの有り無し信号をSET命令でONしておきます。そのワークを取り出したら、RST命令でワークセット信号をOFFにします。制御上、どこにワークがセットされたことになっているのかが作業者にわかるようにランプで表示します。

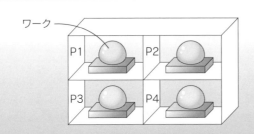

図1 装置の外観

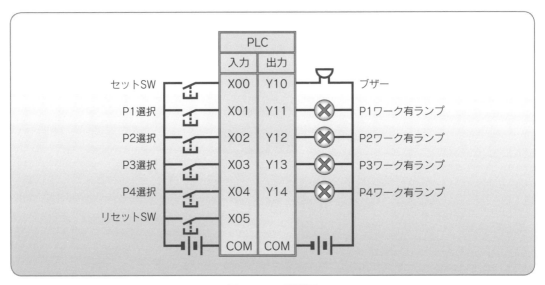

図2 PLC配線図

図1のようなP1～P4までの4つの棚にワークをセットして、セットした状態をランプで表示するようにしたものが図3の制御プログラムです。ワークセット信号M101～M104は停電保持リレーに設定しておきます。P1～P4のスイッチを選択してセットSW（X00）を押すと、その棚にワークがあるという信号M101～M104がセットされて、ONしたままになります。

P1～P4のスイッチを選択してリセットSW（X05）を押すと、選択した番号の棚にワークがあるという信号を消すことができます。セットSW・リセットSWを押したときに操作者がわかるように「ピッ」とブザーを鳴らしています。

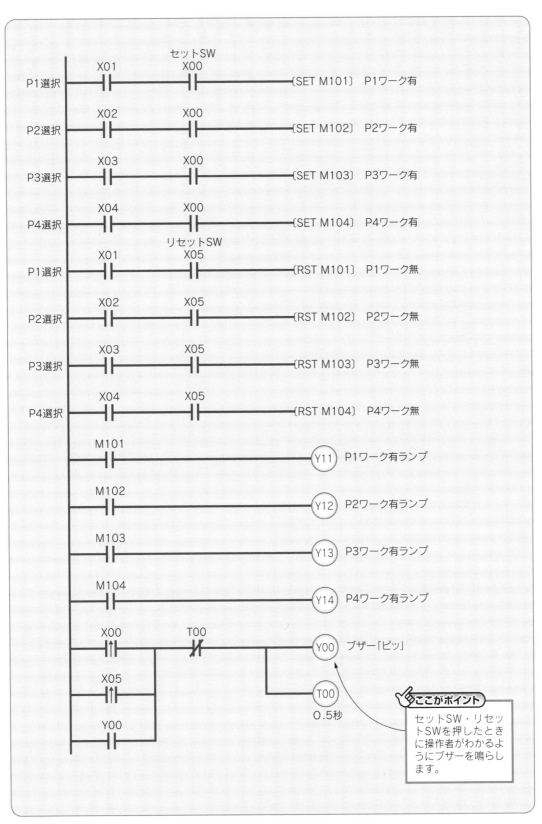

図3 制御プログラム

ストッカー2 定石33 パレタイザ型ストッカーはパレット交換完了信号をつくって制御する

> パレットを順送りに送ってワークの供給や格納をするパレタイザ型ストッカーは、ワークを1つ送るたびに、パレットを一巡させるように制御します。すべてのパレットの交換作業が完了したときに完了信号を出すようにします。

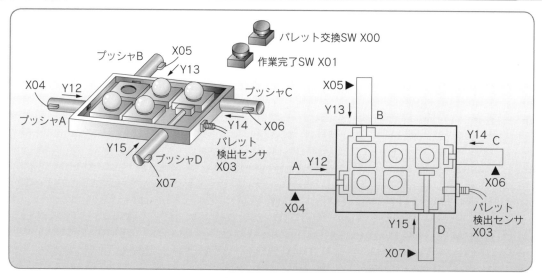

図1　システム図

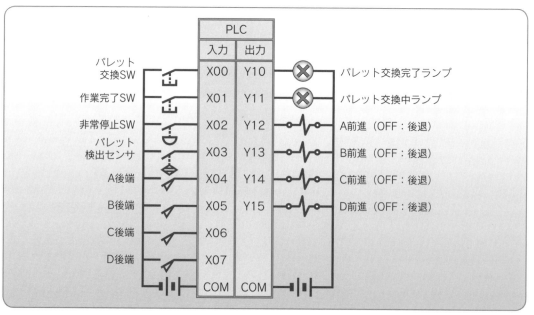

図2　PLC配線図

(1) システムの概要

図1のシステムはパレットの循環装置で、ワークの自動供給装置などに使われます。作業者がパレット交換 SW を押すとパレットを1巡送りして、パレット交換完了ランプが点灯します。作業者によるパレットの作業が終わったら、作業完了 SW を押してパレット交換完了ランプを消灯します。PLC の配線は図2のとおりです。

(2) 制御プログラム

図3の制御プログラムでは、まずプッシャA～D までのシリンダの後退端 LS（X04～X07）がすべて ON になっていることを確認するため、原位置信号 M0 がつくられています。パレット検出センサが OFF になっている状態を初期値として、プッシャを A→B→C→D の順に前進後退するとパレットが一巡送りされます。

非常停止が入ったときには順序回路を停止させます。

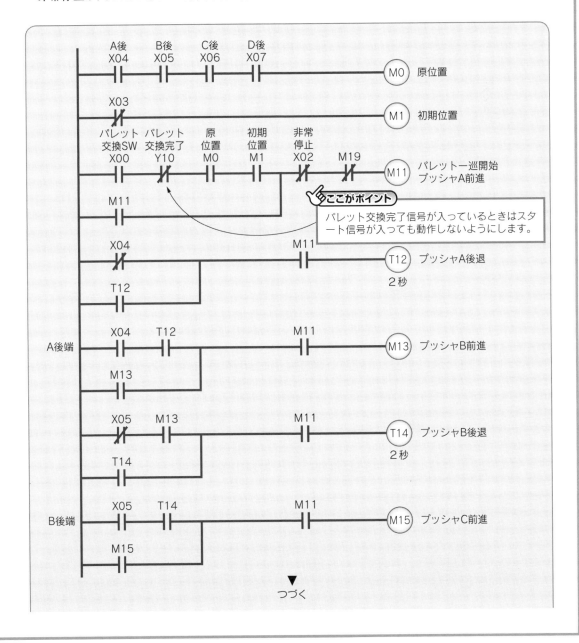

定石33　パレタイザ型ストッカーはパレット交換完了信号をつくって制御する

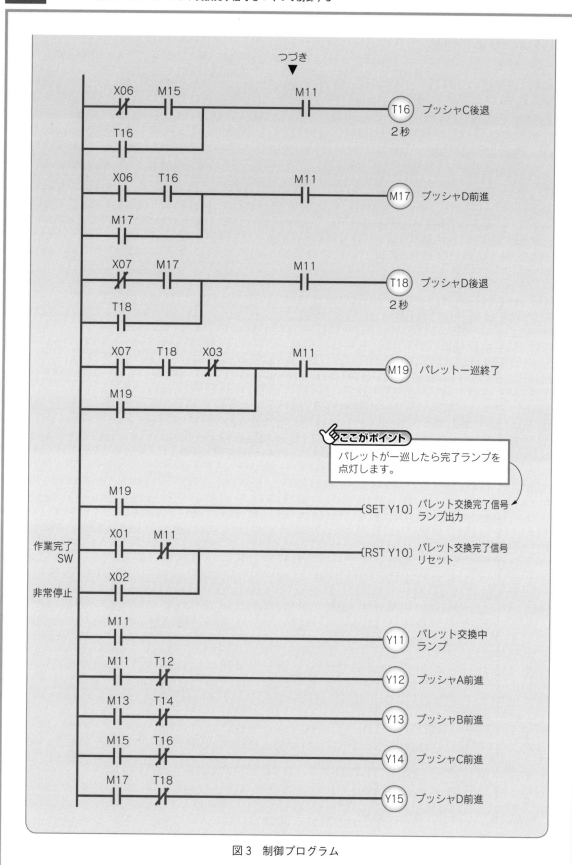

図3　制御プログラム

ストッカー3

定石34 棚へ格納する順序はワークセット信号でつくる

格納したワークとワークがあることを表示するランプは、一カ所の格納場所につきランプ1個を対応させるようにします。どこにワークがあるのかがわかるランプ出力信号を使って棚の状態を表示します。一方、どこの棚から取り出すか、どこの棚に格納するかをランプで表示して作業者の間違いを防ぐようにします。ここでは番号の若い順に格納するように制御するプログラムをつくります。

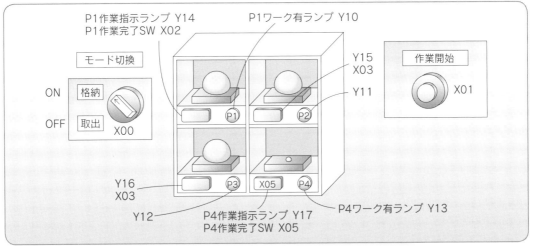

図1　システム図

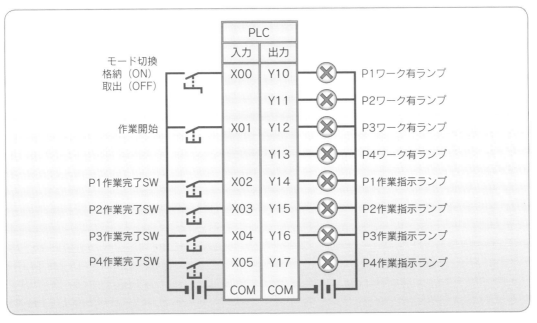

図2　PLC配線図

定石34　棚へ格納する順序はワークセット信号でつくる

（1）格納する順序をつくるプログラム

棚にワークを格納するときの順序をつくるプログラムを考えてみます。P1 から P4 までの 4 つの棚にワークを P1→P2→P3→P4 の順番に格納する順序付けをするために、まず図3のように P1～P4 にワークをセットした信号を出力ランプの Y10～Y13 に割り振ってプログラムをつくってみます。

```
Y10：P1にワークがあるときにON
Y11：P2にワークがあるときにON
Y13：P3にワークがあるときにON
Y14：P4にワークがあるときにON
```

図3　セットした信号を出力ランプに割り振る

ワークを棚に格納するとき、P1 にワークがなければ無条件に P1 に格納することになります。そこで図4のように M201 をつくって M201 が ON しているときには、P1 の位置にワークを格納するようにします。

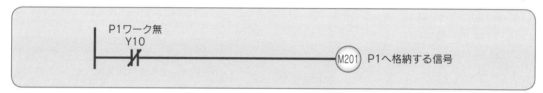

図4　P1 のワーク無し確認

M201 が OFF のときは P1 にワークが格納されているので、次の P2 にワークがあるかどうかを確認するために図5のように M202 をつくります。

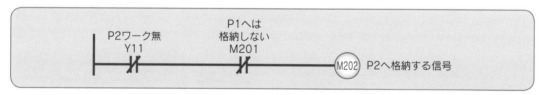

図5　P2 のワーク無し確認

M202 が ON したときは、P1 にワークが有って P2 にワークが無いときであるので、P2 に新たなワークを格納することになります。

M201 も M202 も ON しなければ、P3 にワークがあるかどうかを確認するために図6のように M203 をつくります。

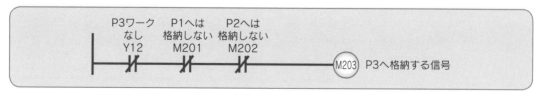

図6　P3 のワーク無し確認

M203 が OFF ならば P4 へ格納するかを判断するために図7のように M204 をつくります。

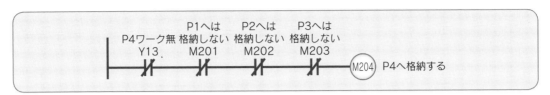

図7　P4のワーク無し確認

(2) ワークの有無信号だけで棚位置を決めない

棚へ格納するかしないかは単にワークの有無だけでなく、ワークを置く治具の品種違いや、棚のキャンセルなどの場合もありうるので、Y10～Y13のワークの有無信号だけを使って格納する棚位置を決めるのはよくない場合もあります。

また、M201について図8のようにしてしまうと、全棚が空のときにしかP1に格納されなくなってしまいます。P2やP3にワークがあってP1にワークがないというときに、P1にワークを配置することができなくなるので注意します。

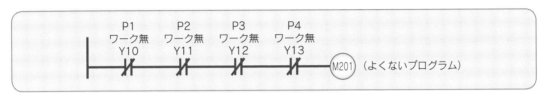

図8　全棚が空のときにしかP1に格納されない

(3) 全プログラム

番号の若い順に空いている棚を指示して、ワークを格納するためのプログラムの全体は図9のようになります。

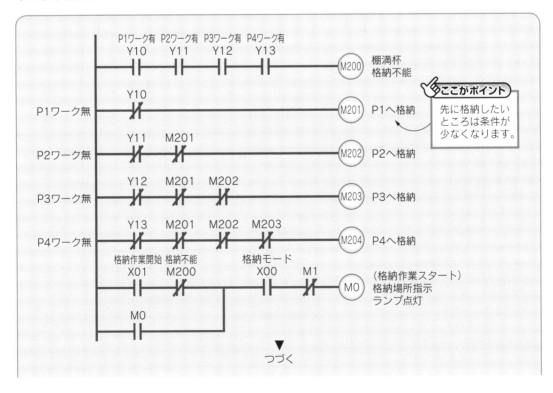

定石 34 棚へ格納する順序はワークセット信号でつくる

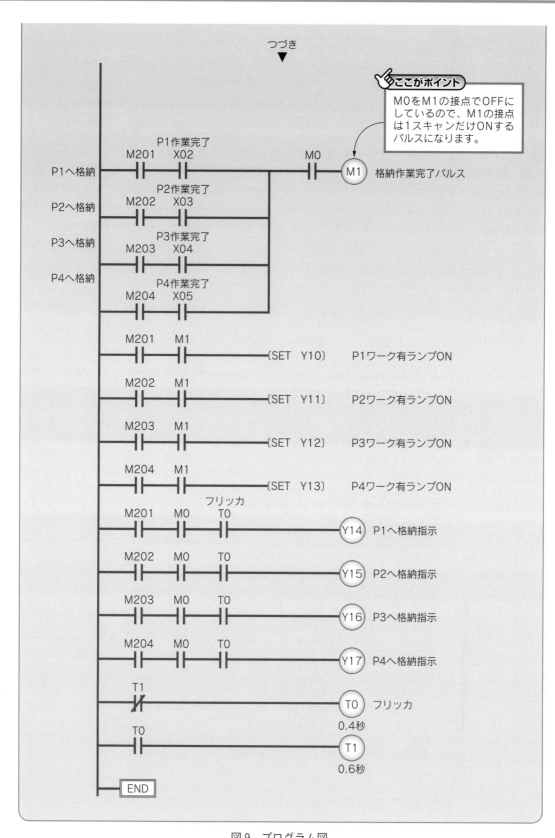

図9 プログラム図

ストッカー4

定石35 棚から取り出す順序はワークリセット信号でつくる

ワークを棚から取り出すときには、取り出し終わった時にワークセット信号をOFFにします。ここでは、格納したとときの順番と逆の順番で取り出してみます。ワークは棚番号のP1からP4に格納されたとすると、取り出すときには、P4、P3、P2、P1の順序で取り出すようにします。

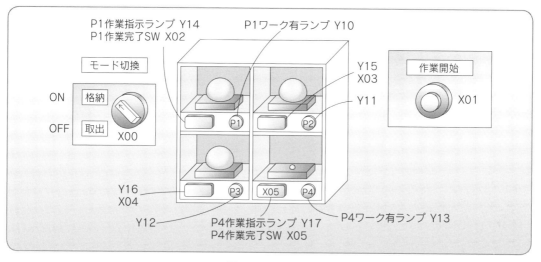

図1　システム図

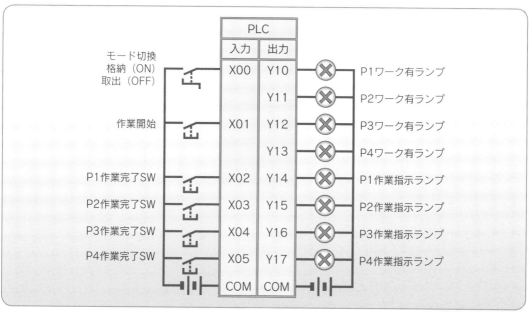

図2　PLC配線図

定石35 棚から取り出す順序はワークリセット信号でつくる

(1) 取り出す信号をつくる

図1のP1、P2、P3、P4の4つの棚に格納したワークをP4、P3、P2、P1の順番に取り出す信号をつくります。図2はPLCの配線図です。

図3は完成した制御プログラムですが、取り出し作業を開始するスイッチを押すと、ワークの格納状況に応じて、どのワークを取り出せばよいのかを示す取り出し指示ランプが点灯します。作業者は、そこで指示されたワークを取り出して、その指定された番号の作業完了SWを押して作業が確実に完了したことを知らせるようにします。すると、その場所のワーク有のランプが消灯するので、取り出し作業が完了したことがわかります。

(2) 棚にワークが入っているときの状況

P1～P4まですべての棚にワークが入っているときの例を見てみます。このときは①のM304がONしていて、作業開始スイッチX01が押されたら⑥のM10がONになります。すると、⑮のP4からの取出指示ランプY17が点滅します。そこで、P4の作業指示ランプY17が点滅するのを見て、作業者はP4のワークを棚から取り出します。取り出しが完了したら、P4の作業完了スイッチX5を押して、⑦の作業完了信号M11をONにすると取出指示ランプが消灯します。すると、P4のワーク有ランプY17がオフになります。

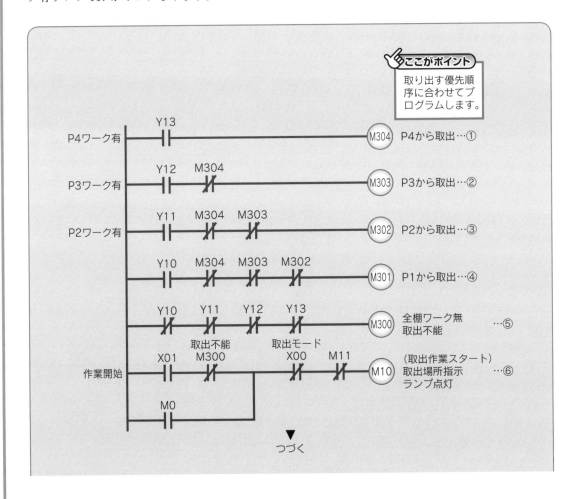

114　第5章　ワークセット信号の扱い方

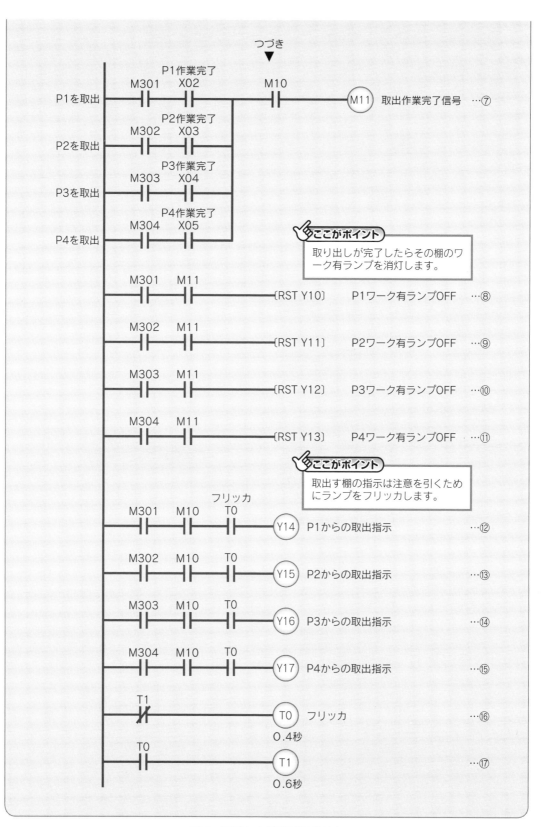

図3 完成した制御プログラム

各定石の実機例とシミュレーション画面（その③）

定石33（ストッカー2）　パレタイザ型ストッカーのパレット交換装置をMM3000シリーズおよびメカトロシミュレータで構成した例

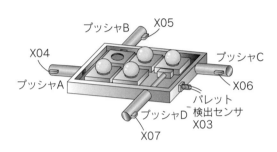

システム図

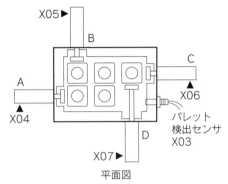

平面図

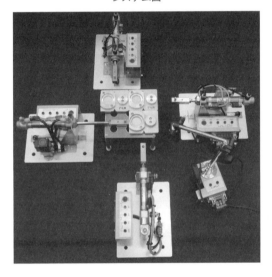

〔MM3000によるパレタイザの構成〕

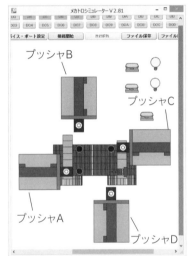

〔メカトロシミュレータによるパレタイザの構成〕

定石39（不良処理1）　ワーク供給装置の動作不良を検出して処理する実験の構成例

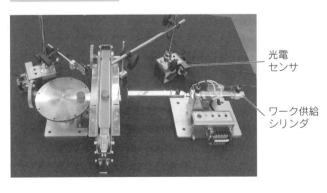

〔MM3000による構成例〕

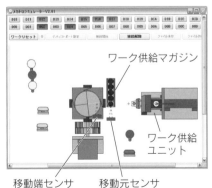

〔メカトロシミュレータによる構成例〕

第6章

ロボットを制御する
プログラム

ポジションデータを指定して動作するロボットの一般的な制御方法を解説します。また、この中でロボットとストッカを使ったワークの移動や、棚にセットしたりする記憶を使ったワークの情報の取り扱い方がわかるプログラムを紹介しています。

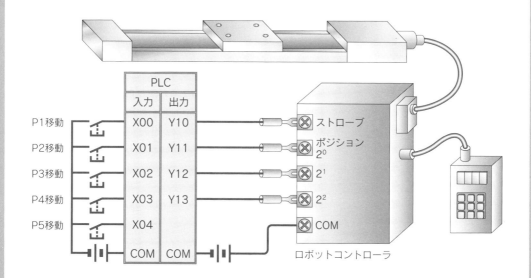

ロボット1

定石36 1軸ロボシリンダはポジション選択とストローブ信号で制御する

ロボシリンダは1軸の位置決め機構で、出力シャフトや出力テーブルを直進駆動して指定した位置に動かすことを目的としています。あらかじめ設定した移動位置をポジション番号にデータとして登録します。そのポジション番号をPLCの出力信号で指定して、ストローブ信号を入れると登録したデータの位置に移動します。

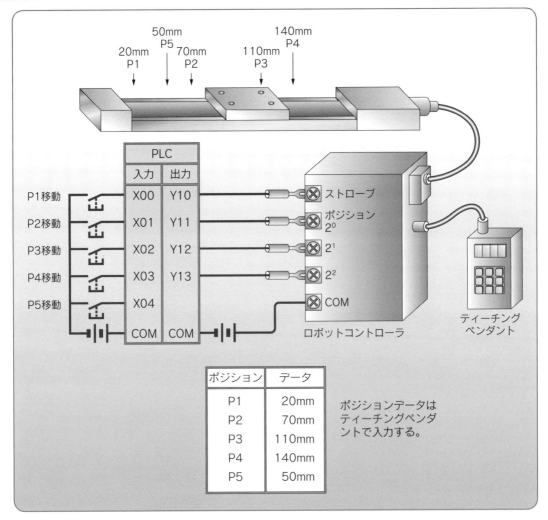

図1 システム図

(1) ロボシリンダとポジション

ロボットには設定したポジションへ移動するタイプのものと、ロボットプログラムに順序動作を組んでプログラムを呼び出すタイプの二通りがあります。ロボシリンダや1軸ユニットと呼ばれるタイプのものはポジションへ移動するタイプが多く見られます。

図1のシステムは、ロボシリンダをスイッチ入力で動かす例です。ロボシリンダは、ポジション選択信号でポジション番号を選んでからストローブ信号をONすると、選択した番号のポジションに移動します。ストローブ信号はスタート信号のことと思ってもらえばよいでしょう。

(2) ポジション番号の選択

移動するポジション番号は 2^0、2^1、2^2 の端子にPLCのY11、Y12、Y13から出力を出して選択します。$2^0=1$、$2^1=2$、$2^2=4$ ですから、ポジションP1を選択するには 2^0 の端子に接続しているY11をONすることになります。ポジションP2は 2^1 に接続しているY12をONにします。ポジションP3を選択するには 2^0 と 2^1 の両方をONにすると $1+2$ で3になります。Y13をONにすると $2^2=4$ の端子に信号が入るので、ポジションP4が選択されます。

(3) ストローブ信号

ポジション選択をしておいてからストローブ端子に出力を出すと、ストローブ信号の立上りをとられて選択したポジションへ移動を開始します。移動を開始したらポジション選択出力とストローブ出力をOFFにして、移動が完了するのを待ちます。移動が完了したら別のポジションを選択して、またストローブ信号をONにすると、次の移動を開始します。

(4) ポジションへ移動するプログラム

P1移動スイッチを押したときに、プログラムへ移動するプログラムを考えてみましょう。

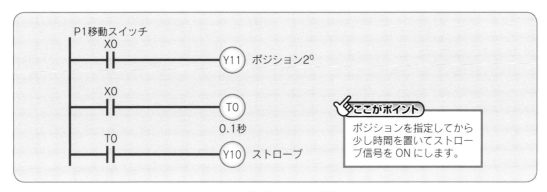

図2　ポジション1へ移動

図2のプログラムは、P1移動スイッチを少し長く押すと、2^0 のポジション端子をONしてから0.1秒後にストローブ信号がONすることになります。

P2移動スイッチでP2へ移動するプログラムも同様に図3のようになります。

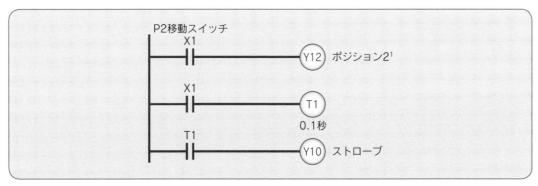

図3　P2へ移動するプログラム

定石36　1軸ロボシリンダはポジション選択とストローブ信号で制御する

P3移動スイッチでP3へ移動するプログラムは**図4**のようになります。

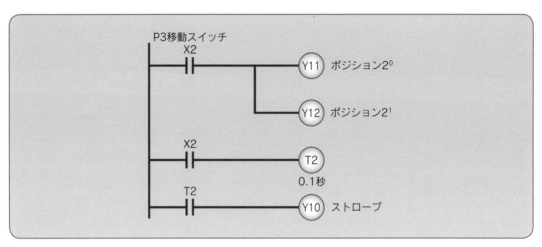

図4　P3へ移動するプログラム

P1、P2、P3へ移動するプログラムを3つつくってみましたが、リレーコイルは二重には使えないので、3つのプログラムをまとめると、たとえば**図5**のように修正することになります。ただし、X0、X1、X2は同時にONしないように操作することが大切です。

P1、P2、P3、P4、P5に移動するプログラムは**図6**のようになります。

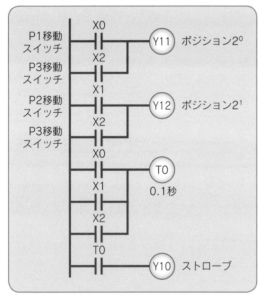

図5　P1、P2、P3のプログラムをまとめる

ポジション選択は2進数でかぞえます。

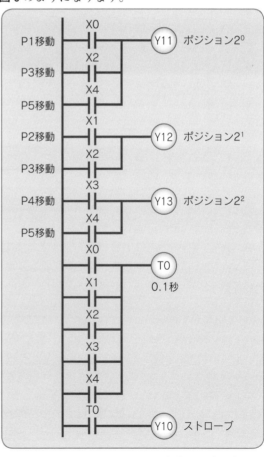

図6　P1、P2、P3、P4、P5に移動するプログラム

ロボット 2

定石 37 ロボシリンダの移動完了を検出するにはビジー信号を使う

ロボシリンダが動き始めると、ロボットが動作中であることを表わすビジー信号がONになります。そして、動作が完了するとビジー信号はOFFになります。すなわち、動作が完了したときにはビジー信号はONからOFFに立下がることになります。このロボシリンダが出すビジー信号をPLCの入力ユニットに接続しておくと、ロボシリンダの動作が完了したことがわかるようになります。

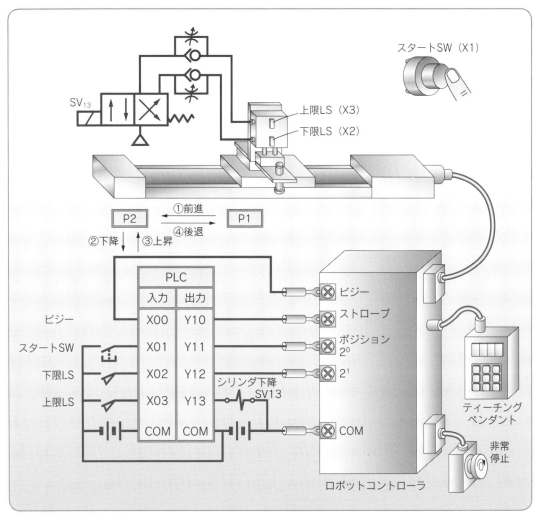

図1　システム図

(1) 動作

図1は、ロボシリンダの移動テーブルに空気圧で上下に動作するシリンダを取り付けたものです。このシステムを次の順序で動作させてみます。

ロボシリンダはP1の位置に待機しています。

動作① スタートSWが押されてスタート信号が入ると、P2の位置へ移動します。
動作② P2の位置に移動を完了すると、シリンダを下降します。
動作③ シリンダが下降端に達したら上昇します。
動作④ シリンダの上昇が完了したらP1の位置へ移動します。

（2）動作に使う信号

動作①～④の制御に使う信号を考えてみましょう。ロボシリンダは移動中にビジー信号がONになり、移動が完了するとビジー信号はOFFになります。

①の動作が開始するとビジー信号X00がONになり、①の動作が終了するとX00がOFFになります。X00がONからOFFに変化したとき①の動作が完了したと考えることができます。

②の動作ではシリンダを下降するために、ソレノイドバルブの出力Y13をONするとシリンダが下降した結果、X02の下限LSがONになります。このX02が下降動作の完了信号として使われます。

X02がONしたら下降が完了したので③の動作に移り、Y13をOFFにして上昇します。上昇の完了信号はX01の上限LSになります。

次に④の動作に移り、P1への移動を開始するとビジー信号X00がONになり、移動を完了するとX00がOFFになります。このように移動の制御は、動作の完了信号を使って次の動作に移るようにして行きます。

ロボットの動作の完了は、ビジー信号で確認できます。

（3）①の動作

①の動作はスタートSW（X01）で開始し、ロボシリンダがP2の方向へ移動をはじめるとビジー（X00）がONになり、P2へ到着するとX00がOFFになります。この様子を表現すると**図2**のようになります。

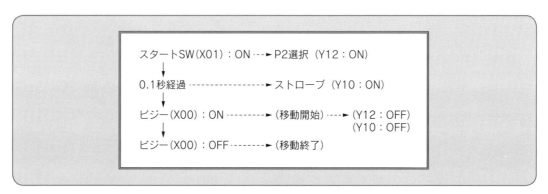

図2　P2への移動シーケンス

このP2への移動シーケンスをプログラムにすると**図3**のようになります。

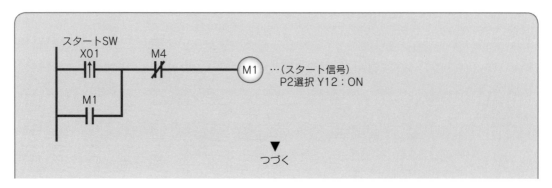

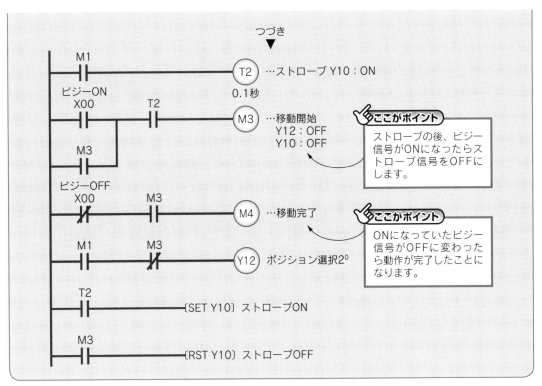

図3　P2への移動シーケンスのプログラム

(4) ②、③の動作

①の動作の終了信号 M4 が ON したら、図4のように Y13 を ON してシリンダを下降させます。下限 LS（X02）が ON したら Y13 を OFF にして上昇します。

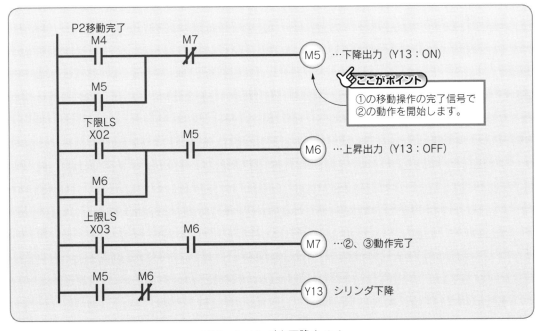

図4　シリンダを下降させる

（5）④の動作

④の動作は①の動作と同様ですが、移動するポジションを図5のようにP1に変更します。

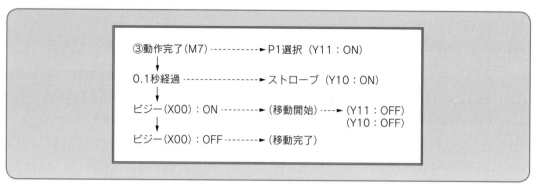

図5　P1への移動シーケンス

これをプログラムにすると図6のようになります。

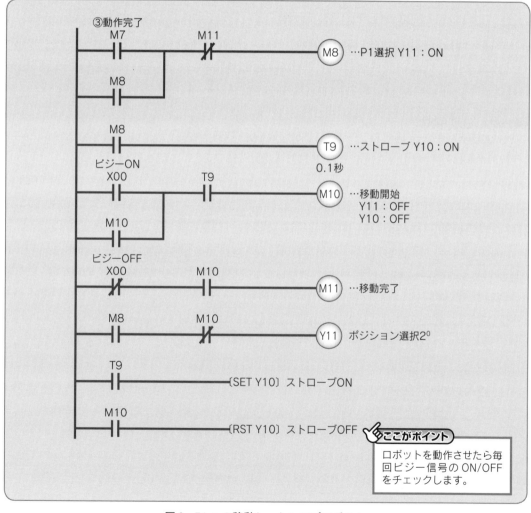

ここがポイント
ロボットを動作させたら毎回ビジー信号のON/OFFをチェックします。

図6　P1への移動シーケンスプログラム

ロボット 3

定石 38

ワークを棚に置いた信号はSET命令で記憶して取り出したらRST命令で消去する

2軸のロボシリンダを使って棚にワークを格納したり、棚からワークを取り出したりする作業をします。
ここではP5のワークをP1に移動するプログラムを紹介します。

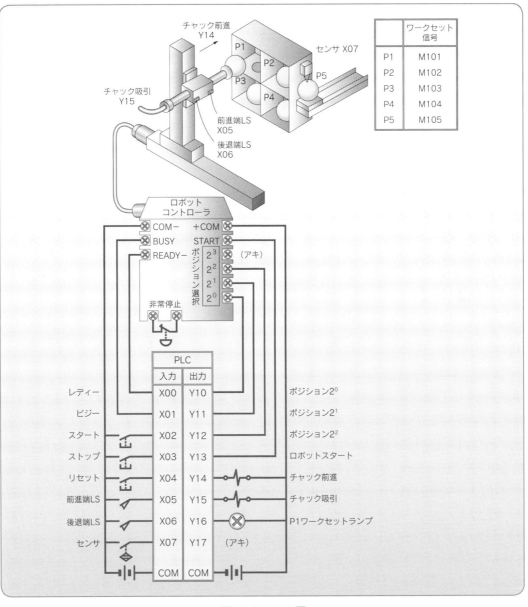

図1　システム図

定石38　ワークを棚に置いた信号はSET命令で記憶して取り出したらRST命令で消去する

図1は、ロボシリンダを使って棚にワークを順番に格納したり、取り出しをする装置です。

棚に何も入ってない時に、P5の位置にあるワークをP1に格納するプログラムをつくったものが図2です。スタート信号M0が入ったら、まずP5の位置を選択してから0.1秒タイマT1で少し遅らせてロボットスタート信号（Y13）をONにします。ロボットが動き出すとビジー信号（X01）がONになって、動作が完了するとOFFになります。その変化をM1とM2を使ってとらえています。すると、M2がONした時にはロボットはP5の位置に移動したことになるので、そこでチャックを前進して前進端に到達した信号M3がONしたらチャックの吸引を開始し、1秒後にT4がONしたところでチャックを後退します。これで、P5の位置にあるワークをつかんだことになります。

次にチャックが後退しきったところでM5がONになるので、次の移動位置P1を選択して、0.1秒タイマT6がONしたら、ロボットスタート信号をONにします。先ほどと同じようにロボットのビジー信号がON、OFFと変化するので、その変化をM7とM8に記憶します。M8がONしたらP1の位置への移動が完了したことになるので、チャックを前進して、ワークを格納する動作に移ります。チャックを前進して、チャックが前進端に到達した信号であるタイマT10がONしたらチャックの吸引を切り、それからタイマT11を使って1秒間待ってから後退します。

これでP5のワークをP1に格納することができました。後退端に戻るとM12がONしてこれが作業の終了信号になるので、M12の接点でP1にワークをセットしたという信号M101をONにします。同時にP5にワークがあるという信号M105をOFFにします。

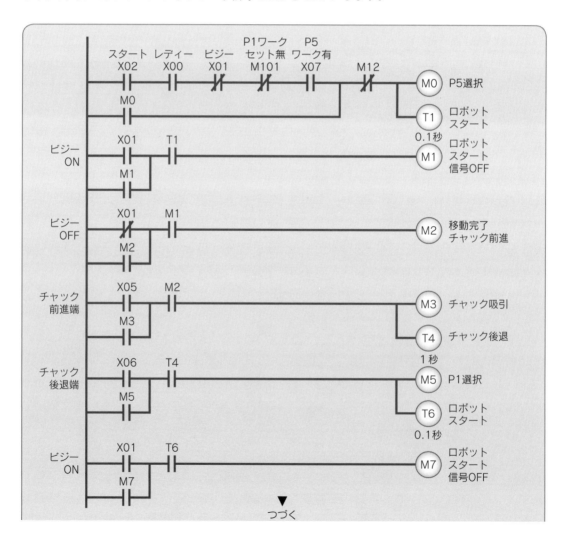

126　第6章　ロボットを制御するプログラム

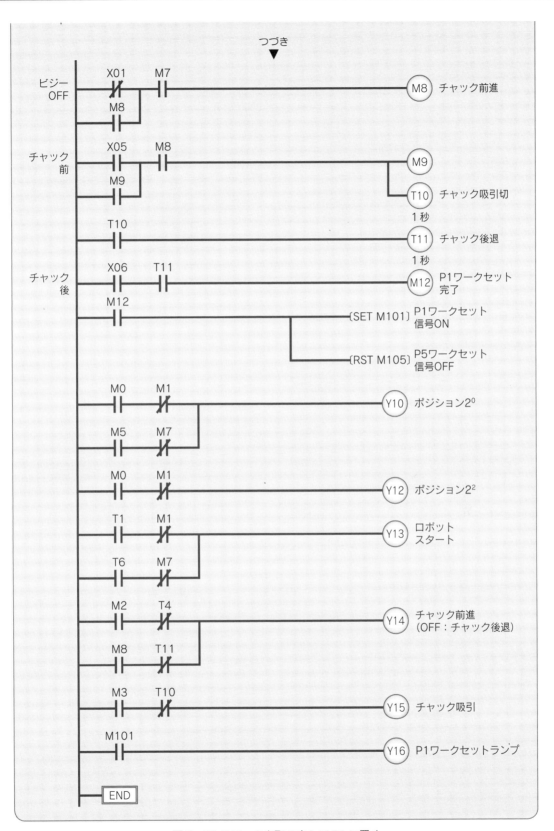

図2　P5のワークを取り出してP1に置く

各定石の実機例とシミュレーション画面(その④)

定石40(不良処理2)　作業中に起こるワークに関する不良の信号を検出して作業者に知らせるなどの処理方法の実験例

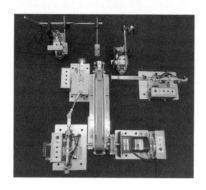
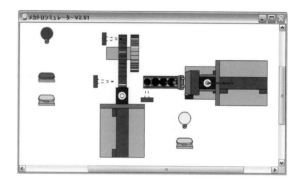

定石41(不良処理3)　搬送途中でワークが紛失したときに作業をやり直すなどの処理方法の実験例

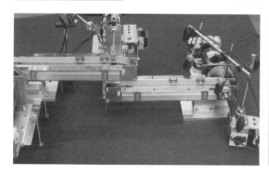
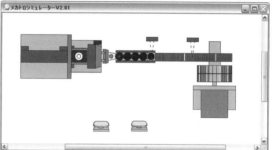

定石42〜46(制御方式1〜5)　ピック&プレイスユニットのサイクル運転プログラムを例にした5つの制御方式の動作検証例

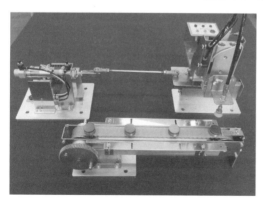
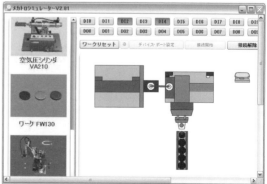

〔MM3000による構築例〕　　　〔メカトロシミュレータによる構築例〕

第7章

不良検出と不良処理のプログラム

不良の検出と処理方法に関するプログラムを解説します。不良には、機械装置が起こす不良とワークに関する不良がありますが、ここでは作業をしているユニットでよく起こる不良を検出するプログラムのつくり方を解説し、不良が起きたときの処理方法について考えます。

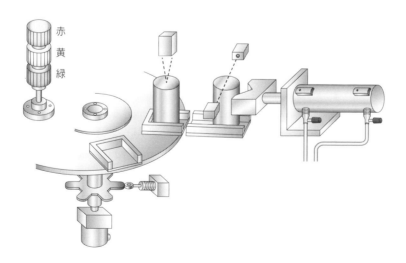

不良処理 1 / 定石 39

作業が開始できない不良を検出したらオペレータを呼ぶ

自動運転がかかっても装置が作業を開始できない状態を検出したら、できるだけ早く正常な状態に復帰するために警報を出して作業者を呼ぶようにします。ここでは、原点不良、ワークホルダ上のワーク取り残し不良、ワークセット待ち不良の状態になった時の不良信号の検出と処理方法を考えます。

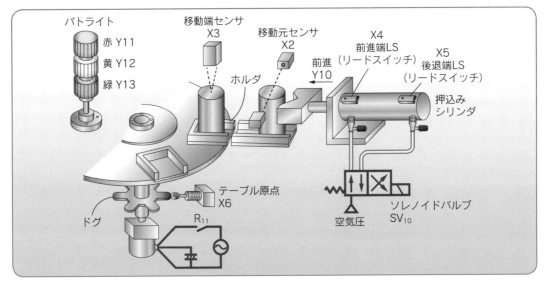

図1 システム図

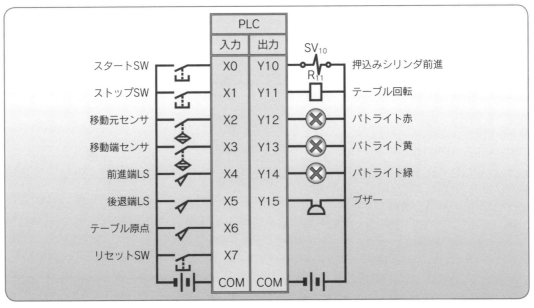

図2 PLC配線図

(1) システム概要

図1のシステムはロータリテーブルへのワークの供給装置で、図2がその配線図です。スタートSWを押してから、移動元センサの位置にワークをセットすると、シリンダが前進して回転テーブルのホルダの位置までワークを送り、送り終わるとテーブルが回転し、次のホルダが送られてくるように動作します。

(2) 動作順序

スタートSWを押すと自動運転が開始します。人かロボットが移動元センサの位置にワークをセットすると、5秒後にシリンダが前進してワークを送り出します。

移動端にワークがセットされるとテーブルが回転して、次のドグの位置で停止します。この動作プログラムは図3のようになっているものとして、不良を検出するプログラムをつくってみましょう。

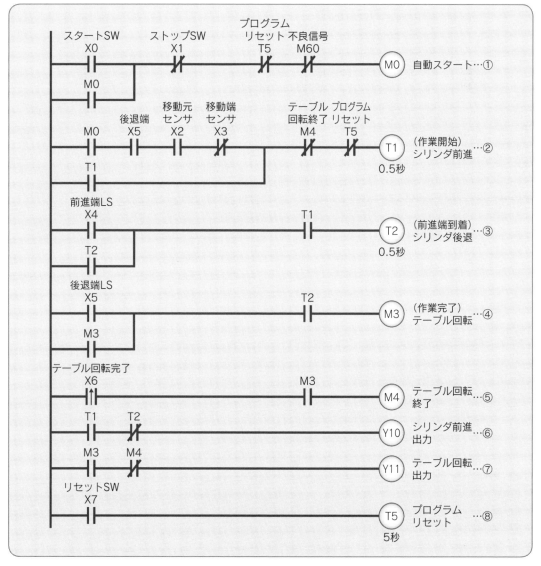

図3 動作プログラム

定石39　作業が開始できない不良を検出したらオペレータを呼ぶ

（3）作業を開始できない不良

　自動スタートがかかっても、ワークをホルダ上へ移動する作業を開始できないと装置はいつまでも停止していることになります。操置のオペレータは、スタートSWを押したから作業を開始すると思い込んでいるとすると、生産計画に影響してくることになります。

　作業を開始できない不良が起こったときにはパトライトを点灯し、ブザーを鳴らすなどしてオペレータを呼んで不良を解除してもらう必要があります。

　この装置を例にして作業を開始できない不良を検出してみましょう。

(3)-1：原点不良

　押込みシリンダのユニットはT1がONすると作業を開始して、テーブルの回転が終わるまでの1サイクルの動作を完了するまでT1がONしています。そこで、サイクル運転の作業中信号は ─| |─ T1 ということになります。

　逆に作業が停止しているときには ─|/|─ T1 がONになります。

　作業が停止しているときは機械的な原点にいなくてはならないので、後退端 ─| |─ X5 とテーブル原点 ─| |─ X6 がONになっていなくてはならないことになります。

　そこで原点不良信号は、図4のようにつくることができます。

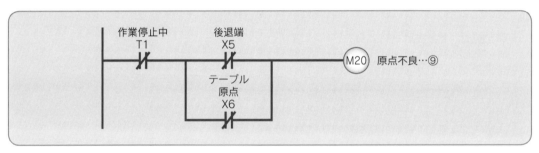

図4　原点不良信号

(3)-2：回転テーブルのホルダ上ワーク取残し不良

　作業が終了したときや、作業開始前にはホルダ上にワークがあってはいけません。そこで、ホルダ上にワークが残っていて押込みが開始できない状態を検出するプログラムが図5です。

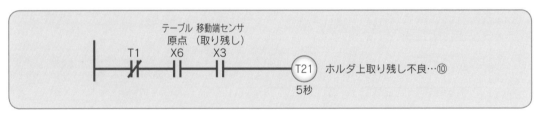

図5　ホルダ上の取り残し不良

(3)-3：ワークセット待ち

　自動スタートが入っても、ワークがセットされない状態が続いているときには、図6のプログラムでワークセットを促す促進信号を出すようにします。

図6 ワークがセットされない不良

（4）不良信号の処理

⑨〜⑪の不良信号がONしたら、オペレータにきてもらうためにパトライトを点灯するとともに、緊急性に応じてブザーで知らせるようにします。

⑨の原点不良は不良が解除されるまで作業を開始できないので、赤パトライトを点灯します。

⑩の取残不良は、作業前にホルダ上にワークが残っている状態ですから、ワークをオペレータに取除いてもらわなければなりません。⑩の不良を⑨と区別するために⑩では赤パトライトを点滅させます。

⑪のワーク供給不足は、前工程の作業者かロボットなどによるワークの供給が途絶えているわけですから、注意を促すために黄パトライトを点灯します。

これらの不良処理のプログラムを図7に示します。不良信号は連続した番号のリレーにまとめておくとプログラムが見やすくなります。ここではM50番台を不良信号として割当ててあります。

ブザーは鳴ったままにしておくとうるさいので、㉑と㉒のように、リセットスイッチで音を止めるようにしてあります。ブザーを止めても不良信号のM51は変化しないので、赤パトライトは点滅したままになります。

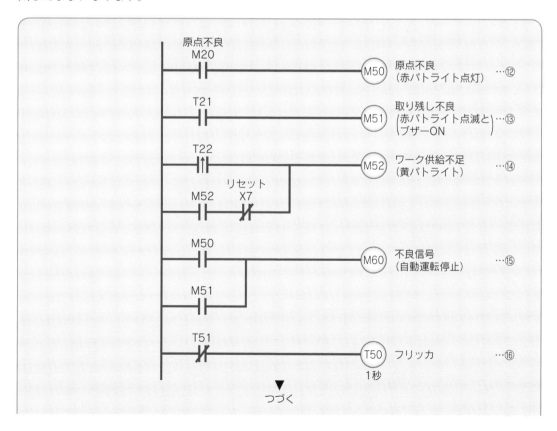

定石 39　作業が開始できない不良を検出したらオペレータを呼ぶ

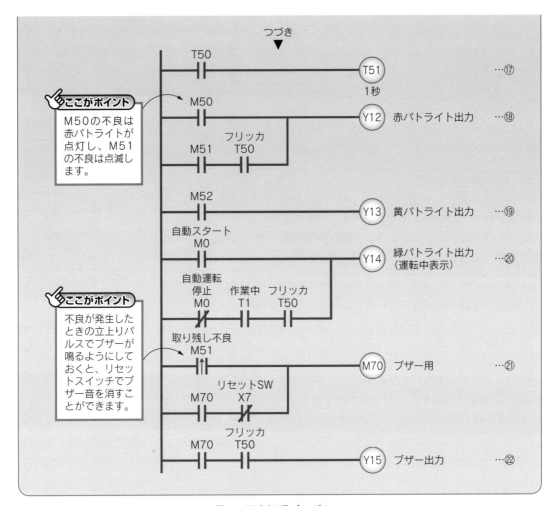

図7　不良処理プログラム

⑱の赤パトライトの表示において、M50の不良が立っているときには、M51の不良は表示されていないのでこの場合M50の不良表示が優先されています。M51の不良を優先させてフリッカのランプ表示にするときは⑱を図8のように変更します。

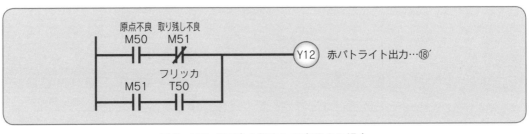

図8　M51の不良を優先して表示する場合

ここがポイント
パトライトの色と点滅の仕方で不良の種類が判別できるように取り決めをしておいてからプログラムします。

定石 40 不良処理 2

作業中の不良信号は装置の状態信号を使う

ワークの組み付けを行っている装置では、ワークが引っかかったり、組み付けの途中でワークがなくなっていたり、送ったはずのワークを持ち帰ったりする不良を起こすことがあります。ワークに対する作業中に起こす不良を検出して、ブザーやランプを使って作業者に状態を知らせるプログラムをつくります。

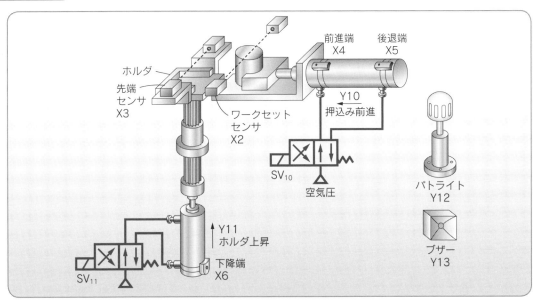

図1 システム図

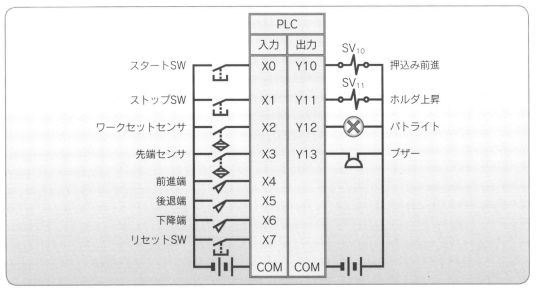

図2 PLC 配線図

定石40　作業中の不良信号は装置の状態信号を使う

(1) システム概要

自動運転をスタートして、ワークセットセンサ位置にワークをセットすると、先端センサがOFF（ X3 ）で下降端がON（ X6 ）のときに、押込シリンダを前進してワークをワークホルダに送り込みます。

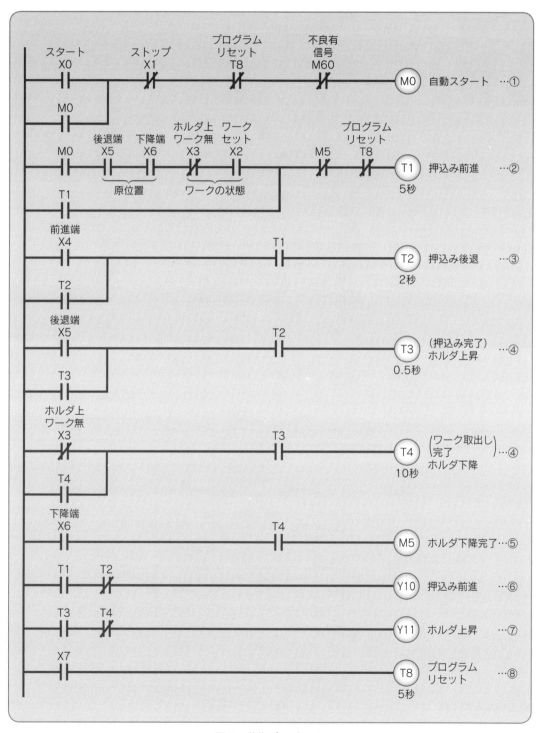

図3　動作プログラム

ワークを載せたワークホルダは上昇して上昇している10秒の間に別のユニットか作業者によって取り出されてから下降して元の下降端に戻ります。

このシステムの動作プログラムは図3のように状態遷移型で記述されているものとしてみます。

(2) 作業中に起こりうる不良

(2)-1：押込み時ひっかかり不良

図3の②のT1がONすると、押込みを開始します。前進端に達すると③のT2がONになるはずですが、②がONしてからしばらくしても③がONしない状態が続いたら、シリンダが前進しきれずに途中でひっかかってしまっている可能性が出てきます。こうなったら作業者を呼んでひっかかりを直してもらわなければなりません。

この不良はT1の状態からT2の状態に移れない不良として検出できるので図4のようなプログラムになります。

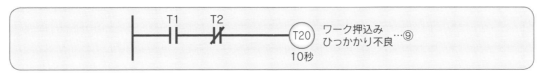

図4　ワークひっかかり不良

(2)-2：先端ワーク無し不良

押込み動作を行ったものの、先端センサでワークを確認できないことが起こることがあります。この原因の1つに、ワークセットセンサX2が検出したものが正しいワークでない場合が考えられます。たとえば、図5のように欠けているワークがセットされると、ワークセットセンサではワークが有るという信号になりますが、押込むときにワークが90°回転すると先端センサで検出できないということが起こったりします。

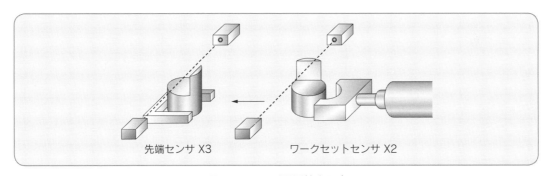

図5　ワークが原因検出不良

このときの不良は、図3の④の押込みが完了したとき（T3の立上りのとき）に、先端センサX3がOFFになっている状態ですから図6のようなプログラムで検出できます。

図6　送ったはずのワークがなくなる不良

定石40 作業中の不良信号は装置の状態信号を使う

(2)-3 ワーク持帰り不良

図7のようにワークが正しくホルダに押込まれたものの、ワークが押込みヘッドに密着して戻ってきてしまうことがあります。

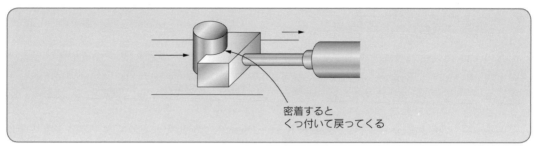

図7 ワークがヘッドにくっ付いて戻ってしまう

図7のように戻って来ると、戻り端に到着したときにワークセットセンサX2がONすることになります。そのときの不良信号をつくると図8のようになります。

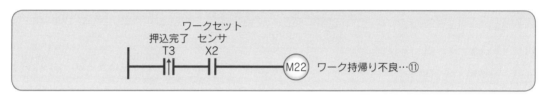

図8 ワーク持帰り不良

(2)-4 取り残し不良

作業が完了してホルダが下降端に到着したときに、ホルダ上にワークが残っていたら上昇端でワーク取り出しが正しく実行されなかったことになります。

この不良信号は図9にようになります。

図9 取り残し不良

(3) 不良信号の処理

不良を検出した時に装置をどのように制御するかを検討してみましょう。

たとえば、(2)-1の押込み時ひっかかり不良として考えられる原因をあげてみると、

a. ワークが大きすぎてホルダに入らない、

b. 押込みの途中でワークがプッシャの先端からはずれてホルダのガイドに当って入らない、

c. ホルダの中に背の低いワークや異物があってワークを押込むことができない

といった状態になっていると考えられます。

このように不良が発生したら、そのままの状態で放置しても改善されることは期待できないので、作業者を呼ぶようにします。不良が発生したときに自動運転を停止して、パトライトとブザーを使って作業者を呼ぶようにしたプログラムは図10のようになります。

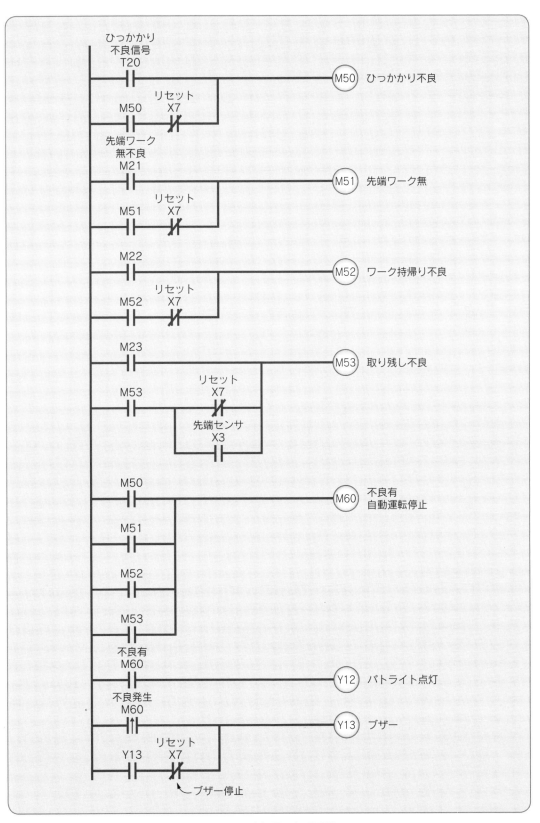

図10　不良信号の処理回路

不良処理3 / 定石41 コンベアで送ったはずのワークがなくなったときはタイマで処理する

ワークを作業ユニットにコンベアなどで供給しているときに、送ったはずのワークが搬送途中で紛失すると、作業ユニットは来ないワークを待ち続けることになります。このような不良をタイマで検出して、一定時間が経過しても作業を開始できないときの処理方法を考えます。

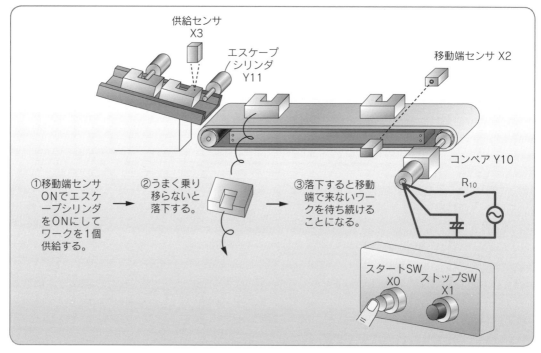

図1　システム図

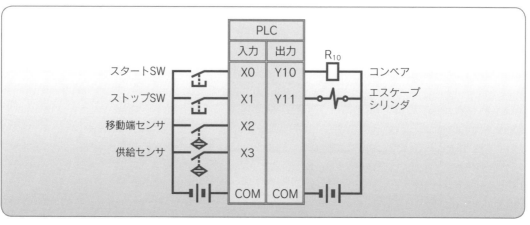

図2　PLC 配線図

(1) 動作

図1のシステムでは、スタートSWがONするとコンベアが起動します。ワークがコンベアで搬送されて、移動端センサX2がONすると、エスケープシリンダが切り替わって次のワークをコンベア上に供給するものです。

(2) 不良箇所

エスケープシリンダが切り替わっても、コンベアへの乗り移りが悪くてワークが跳ね落ちてしまうことがあります。そうなると送ったはずのワークがコンベア上から消え去って、コンベアをいくら動かしても移動端センサX2がONにならないので、いつまでたってもワークが供給されない状態が続いてしまいます。

(3) 不良の検出

この不良を検出するにはタイマを使います。エスケープシリンダが動作して良好にワークがコンベアに乗り移ると一定時間で移動端センサの位置にワークが到着するはずです。それ以上時間がかかったときには、乗り移りに不具合があったと考えられます。すなわち、エスケープシリンダの動作完了から一定時間が経過したときに不良が発生したことになるのです。コンベアでワークを移動するのに必要な時間を10秒としてみると、図3のようなイメージになります。

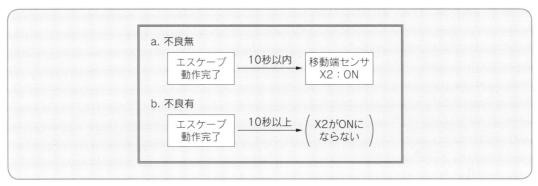

図3　不良信号のイメージ

この不良をもう少し単純に考えてみると、コンベアを動かしてもある一定時間移動端センサがONしなければ、不良信号を立てるということになります。この場合の一定時間とはコンベアの移動時間とエスケープに要する時間をたし合わせたものです。その合計時間が15秒を越えることはないとすると、タイマ（T10）を使って図4のように書くことができます。

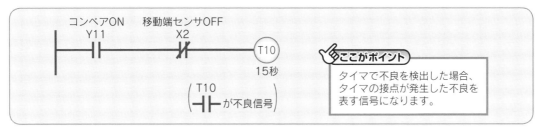

図4　不良信号

これは、コンベアがONしたときに、移動端センサがOFFの状態が15秒間続けば不良信号 ┤├ がONになるというプログラムです。移動端センサX2がワークを検出するごとにタイマT10のカウント値はリセットされ、再び0秒からカウントをはじめるので、X2で不良は解除されていることになります。

定石41 コンベアで送ったはずのワークがなくなったときはタイマで処理する

（4）制御プログラム

　このシステムの制御プログラムはたとえば図5のようになります。
　⑦のT10で不良を検出しています。T10の不良はコンベア上にワークが正しく供給されなかった状態ですから、再度エスケープを行ってワークを供給します。そのためにプログラムの③のM1を自己保持にして再度ワークを供給しています。このときにタイマの現在値を0に戻すために、M10のパルス信号を使っています。

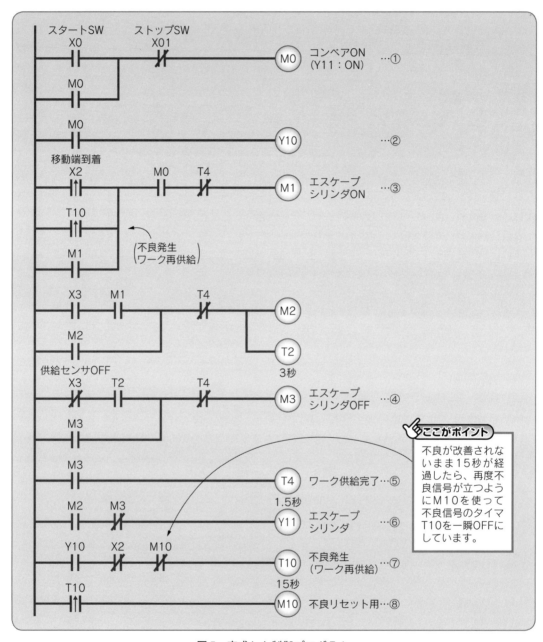

図5　完成した制御プログラム

第8章

順序制御のための5つの制御方式

機械装置のシーケンス制御を行うための「5つの制御方式」を紹介します。同じ機械装置でも、制御方法によってまったくプログラム構造が異なります。5つの制御方式を習得するとシーケンス制御プログラムを理論的につくることができるようになります。

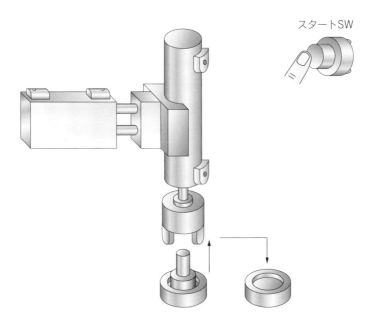

制御方式1 定石42 とりあえず動かしてみるならばパルス制御型を使う

信号をパルスにすると信号がOFFからONに変化した瞬間をとらえることができます。あるセンサがOFFからONに変化した瞬間とは、それまで無かったものが有る状態に変化したことを意味します。またシリンダの後退端の入力信号のパルスは前進したピストンが戻ってきたことを表します。ワーク搬送装置のセンサ入力信号をパルスにすると、送られてきたワークが到着したことがわかります。このパルス信号を使って順序制御をする方法がパルス制御型の制御方式です。

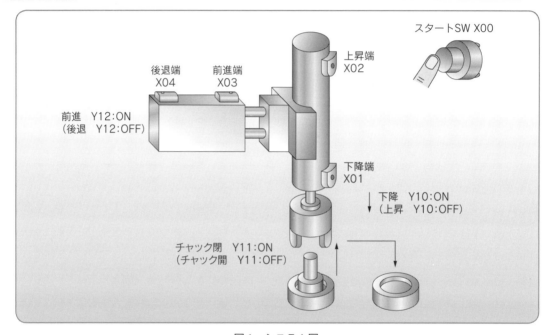

図1　システム図

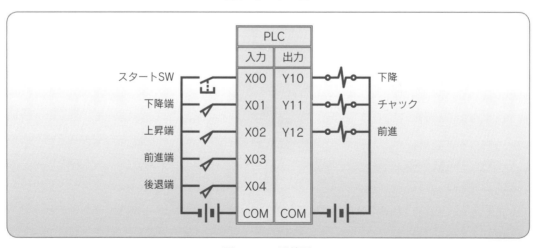

図2　PLC配線図

144　第8章　順序制御のための5つの制御方式

(1) パルスを使わないと誤動作するプログラム

入力信号の立上りパルスや立下りパルスを使って動作順序を決めることができます。

図1のシステムは、スタートSWを押したときにチャックが下降してワークを掴んで上昇してきます。そして、上昇端LS（X02）がONしたときに前進することになります。しかしながら、上昇端LSは最初からONしているので、もし、上昇端LSがONしているときに前進するようにプログラムすると、スタートSWを押さなくても前進する条件がはじめから整っていることになってしまいます。このプログラムをパルスを使わずに書いてみると**図3**のようになりますが、①でスタートSWを押す前に③が働いてユニットは前進してしまうのです。

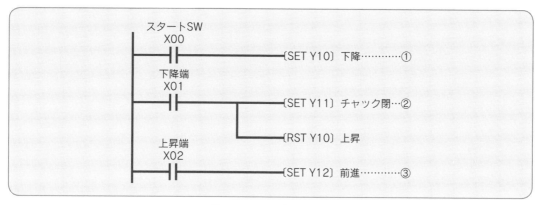

図3　誤ったプログラム

(2) 上昇端LS（X02）の信号の変化

これをパルスを使って修正するために、チャックが上昇してきて、上昇端に達したときの上昇端LS（X02）の変化に注目してみることにします。すると**図4**のようにチャックが1往復すると、上昇端LSの信号X02はA→Eのように順次変化することがわかります。

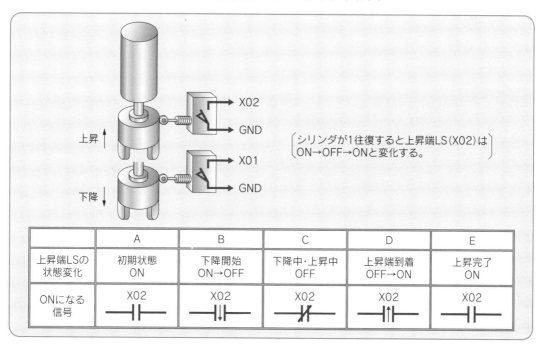

図4　上昇端LS（X02）の信号の変化

定石42 とりあえず動かしてみるならばパルス制御型を使う

AとEの信号は上昇端LSがONしているときのものですが、Dの立上りパルスはシリンダがいったん下降して、上昇端に到着した瞬間をとらえています。この ─|↑|─X02 を使って前進出力Y12をONすれば、上昇したときに限って前進するようにプログラムできるのです。

そこで図3のプログラムを修正して正しく動作するプログラムを記述してみると、**図5**のようになります。

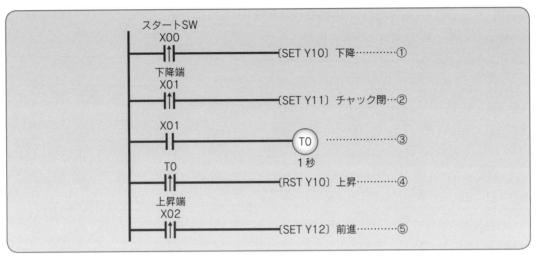

図5　スタートから前進するまでのプログラム

(3) 前進端で下降するプログラム

図5のプログラムでスタートSWを押してから下降し、ワークをつかんで上昇して前進するまでの動作ができるようになりました。

次に前進端に到着したときに下降するプログラムを記述します。前進端LS（─|↑|─X03）の信号で下降したのでは、いったん下降はしますが、X03はONしたままになるので、チャックが下がったままになってしまいます。そこで前進端に到着したという信号 ─|↑|─X03 を使って下降出力をONにします。チャックが前進端に到着してから下降したら、チャックを開いてワークを離し、後退するまでのプログラムは図6のようになります。

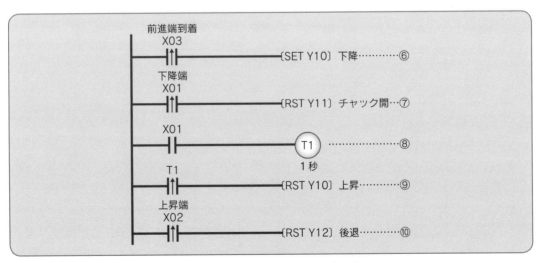

図6　前進端到着から後退までのプログラム

(4) 不具合の修正

　図5と図6のプログラムを比較してみると、図5の⑤では ─┤↑├─ X02 の信号でY12をONにしていますが、図6の⑩では同じ ─┤↑├─ X02 の信号でY12をOFFにするという矛盾があります。そこで図5と図6の違いを考えてみると、図5のプログラムはユニットが後退端にあるときに起こることで、図6のプログラムはユニットが前進端にあるときに起こるものです。そこで図5のプログラムは後退端LS ─┤├─ X04 がONしていることを条件にして、図6のプログラムでは前進端LS ─┤├─ X03 がONしていることを条件にしておけば場合分けができます。この前半と後半の動作に場合分けをした全体のプログラムは**図7**のように書くことができます。

　スタートSWはいつ押されるかわからないので、誤動作の原因になります。そこで原位置信号が入っているときに限って受付けるように修正してあります。

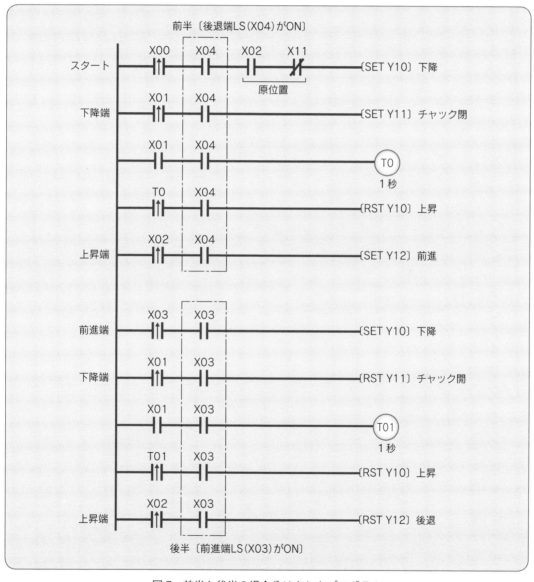

図7　前半と後半の場合分けをしたプログラム

制御方式2 定石43 リミットスイッチがない作業ユニットは時間制御型で動かす

シリンダやモータでメカニズムを動かしたときの停止位置の検出にはリミットスイッチを使います。これをシリンダやモータの出力をONしてから必ず一定の時間が経過したときに、リミットスイッチが切り替わると考えると、出力をONしてから経過した時間を計測すればセンサの代わりになると考えられます。そこで出力を切り替えてからの経過時間を使って順序制御する方法が時間制御型の制御方式です。

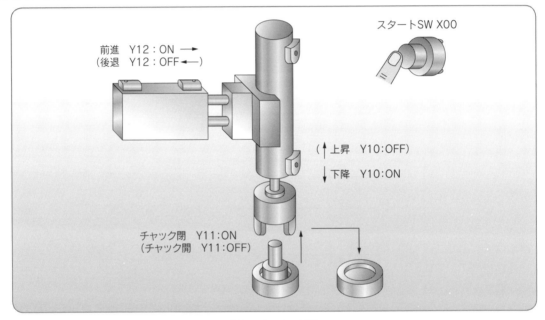

図1　システム図

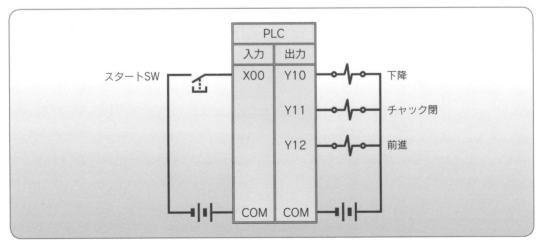

図2　PLC配線図

(1) 時間制御型の特徴

シーケンス制御は出力を決められたタイミングで切り替えることによって、装置を順序よく動作させるものです。決められたタイミングを作るには一般にリミットスイッチを使って、出力をした後の変化をリミットスイッチでとらえて次の動作に進むように制御されます。

たとえば図3の1本のシリンダを往復させる場合、下降出力を出した結果、下降端のリミットスイッチが変化します。

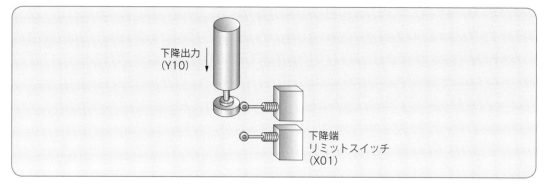

図3　1本のシリンダの場合

このとき、下降出力をY10、下降端リミットスイッチをX01とすると、図4のような関係になります。

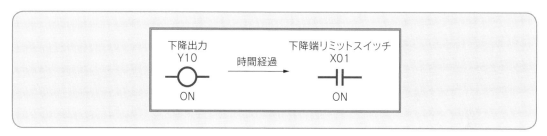

図4　下降出力と下降端リミットスイッチの関係

もし下降端にリミットスイッチがないとすると、出力Y10をONしてからPLCで確認できる変化は図5のように時間の経過だけということになります。

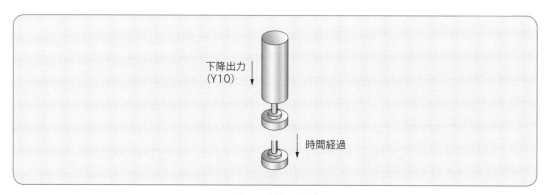

図5　時間の経過

この時間をタイマT100で計測することにすると、下降出力（Y10）がONしてから下降に要する時間が経過したときにシリンダは下降端に到着したと考えられます。この様子は図6にようになります。

定石43　リミットスイッチがない作業ユニットは時間制御型で動かす

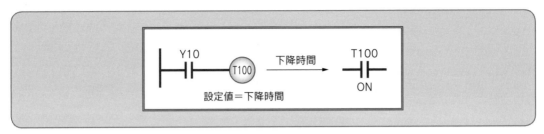

図6　シリンダが下降端に到着

　図4と図6を見くらべてリミットスイッチを使ったときと比較してみると、リミットスイッチの接点がタイマの接点に置き替わっていることがわかります。
　機械の動作を考えてみると、ある出力を切り替えると、その結果、何らかのスイッチが切り替わるのが一般的ですが、切り替わるスイッチがない場合には、経過時間をスイッチの代わりに使うことができるということになります。
　時間制御型は、リミットスイッチを使わずに、経過時間を使って出力を切り替えて装置を制御する制御方法なのです。

(2) 装置の動作順序
　装置の動作時間をタイマでつくって、図1のシステムを図7の順序で動作するようにプログラムしてみましょう。

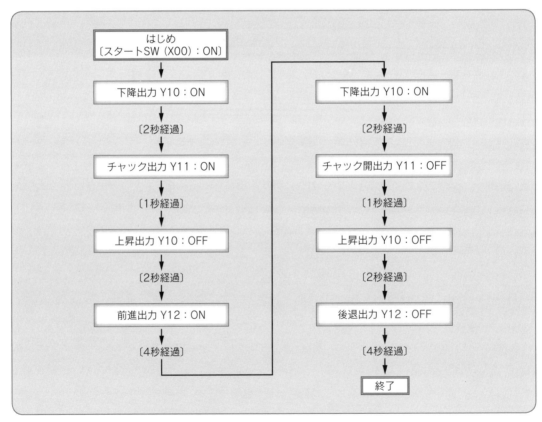

図7　時間を使った図1のシステムの動作順序

（3）時間制御型プログラムのつくり方

図1のシステムにおいて、スタートSWが押されたら下降し、2秒後に下降端に到達しているとすると、スタートSWが押されてから2秒後にチャックを閉じることになります。このプログラムは図8にように書くことができます。

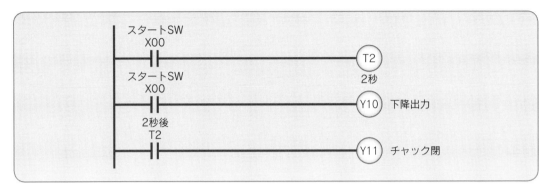

図8　下降後2秒でチャックを閉じる

このままではスタートSWをしたままにしないと動作しないので、スタートSWを押したことを内部リレーM1を使って記憶しておくようにします。するとプログラムは図9のようになります。

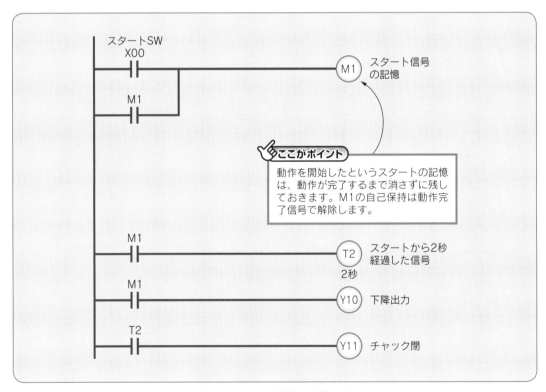

図9　スタート信号を記憶する

ここからさらに1秒間が経過したときに上昇することを考えてみましょう。T2のa接点が閉じてからT3で1秒間を測ることにします。T3の接点が切り替わったときが、上昇するタイミングになるので図10のようなプログラムになります。

定石43　リミットスイッチがない作業ユニットは時間制御型で動かす

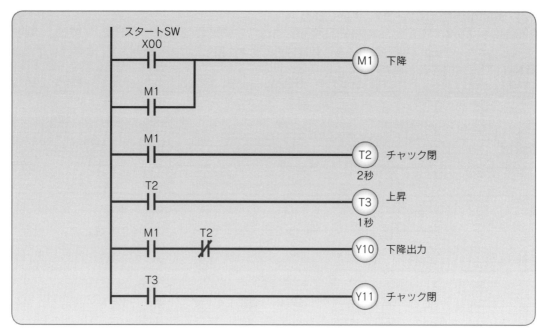

図10　チャックを閉じて上昇するまでのプログラム

（4）タイムチャート

ここまでの制御に使った制御信号のタイムチャートをつくってみると、**図11**のようになります。

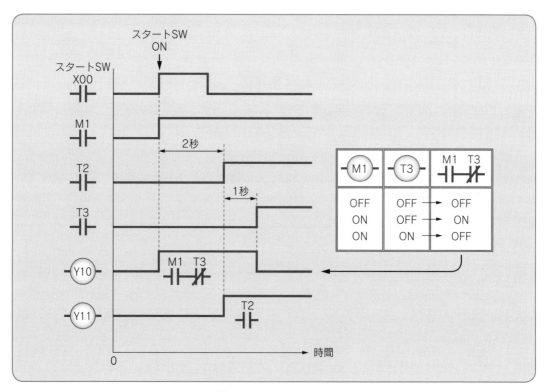

図11　タイムチャート

このように時間の経過によって順番にONしてゆく信号をタイマでつくると、タイマの接点を使って出力を決められた順序どおりに制御することができるようになります。

(5) システムの1サイクル動作のプログラム

この方法を使って、図1の装置が図7に示した1サイクル動作をするように制御するプログラムをつくってみると**図12**にようになります。

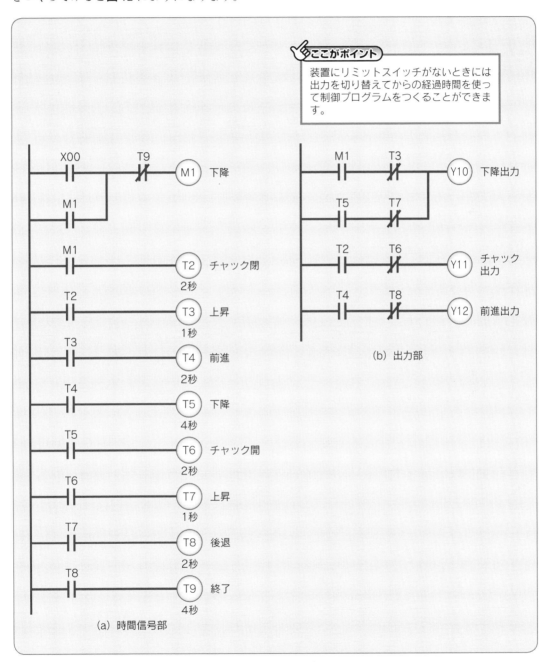

図12　1サイクル動作プログラム

制御方式 3

定石 44

機械の姿勢をリミットスイッチで特定できれば姿勢制御型で動かせる

機械装置は、出力を切り替えるたびに姿勢が変化します。その姿勢は機械に付けられているリミットスイッチと出力の状態で把握できます。順序制御で動作している機械がどのような姿勢になっているのかがわかれば、その次に切り替える出力が決まります。機械の姿勢を使って次の姿勢になるように出力を切り替える順序制御の方法が、姿勢制御型の制御方式です。

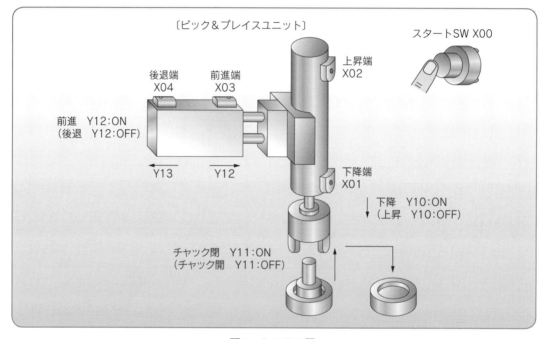

図1　システム図

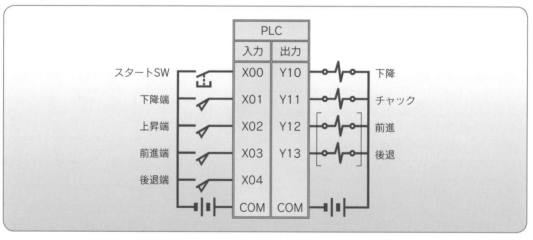

図2　PLC配線図

図1はピック&プレイスユニットです。図2はそのPLC配線図です。

（1）姿勢制御型の特徴

機械の各部分がどのような位置にいるのかを表しているのが機械の姿勢であり、機械の姿勢は機械に付いているリミットスイッチの入力信号と出力の状態がどうなっているかの関係から知ることができます。簡単な例を図3にあげてみましょう。

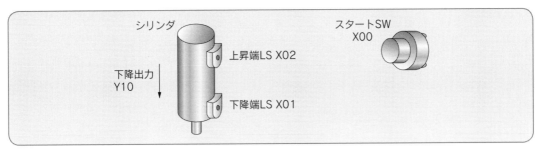

図3　簡単な機械

図3の機械の場合、X02がONしているときと、X03がONしているときの2つの姿勢しかないと思われるかもしれませんが、それだけではありません。たしかに、X02がONしているときには上昇端にいることは間違いないのですが、このときにY10がONしていたらどうでしょうか。

図4のプログラムを使って、M100とM101を比べてみると、その違いがわかります。M100は上昇端にとどまっている姿勢であり、動こうとはしていません。M101は上昇端にはあるものの、下がろうとしているか、もしくは下がりはじめているが、まだX02がONになる範囲から抜け出していないという姿勢になっています。

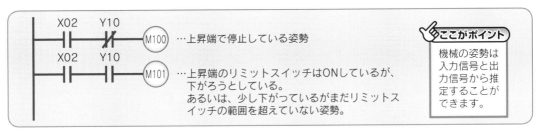

図4　上昇端にいる姿勢

次にシリンダが下降しはじめると姿勢はどう変化するかというと、X02もX03もオフの状態になります。このときに同じように出力と組合せてみると、図5のM102のような下降中の姿勢があることがわかります。次に下降端のリミットスイッチX01がONしますが、このときはY10もONになっていますからM103のような姿勢になります。上昇をはじめると、まず図6にあるM104の姿勢になり、その後M105のように上下のリミットスイッチがOFFで下降出力が入っていない姿勢になります。

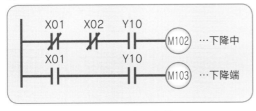

図5　下降の姿勢

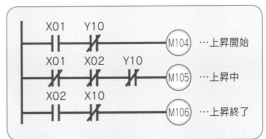

図6　上昇のときの姿勢

定石44 機械の姿勢をリミットスイッチで特定できれば姿勢制御型で動かせる

最後はM106のように最初の状態M100と同じになります。

このように単純なシリンダの往復動作であってもM100～M106に示したように6つの姿勢があることがわかります。ただし、M100とM106は同じ姿勢なので1つに数えられます。この6つの姿勢を動作順に表にしたものが姿勢テーブルで、図7のように表すことができます。

この姿勢テーブルとスタートSW X00を使ってこの機械の姿勢の変化をM1からM7まで記述したものが図8です。ONをa接点、OFFをb接点で置き替えています。制御とは出力をタイミングよく切り替えることで実現されます。そこで、出力を切り替えるタイミングをつくっている姿勢を選び出すと、図9の（1）の2つの条件になります。

そこでM1で下降出力Y10をONにしてM4でOFFにするプログラムを記述すると図9の（2）のように書けます。

順序	姿勢	下降端 LS X01	上昇端 LS X02	下降出力 Y10
1	初期姿勢	OFF	ON	OFF
2	下降開始	OFF	ON	ON
3	下降中	OFF	OFF	ON
4	下降完了	ON	OFF	ON
5	上昇開始	ON	OFF	OFF
6	上昇中	OFF	OFF	OFF
7	上昇完了	OFF	ON	OFF

図7 姿勢テーブル

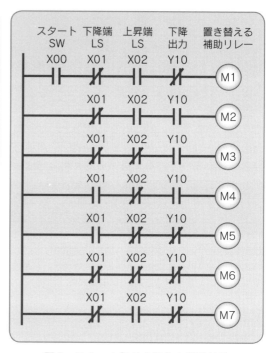

図8 スタート信号を加えた姿勢信号

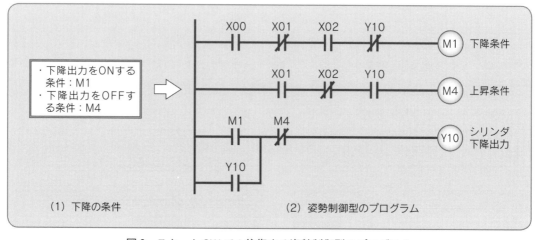

図9 スタートSWで1往復する姿勢制御型のプログラム

(2) 図1のシステムのプログラム

図1のピック&プレイスユニットを姿勢制御型を使って制御してみましょう。動作順序は図10の（1）のように⓪から⑩まで動作するものとします。ピック&プレイスユニットが動作中にとる姿勢について、入力リレーの接点と出力リレーの接点のONをa接点、OFFをb接点で表すと、姿勢テーブルは図10の（2）のように書くことができます。

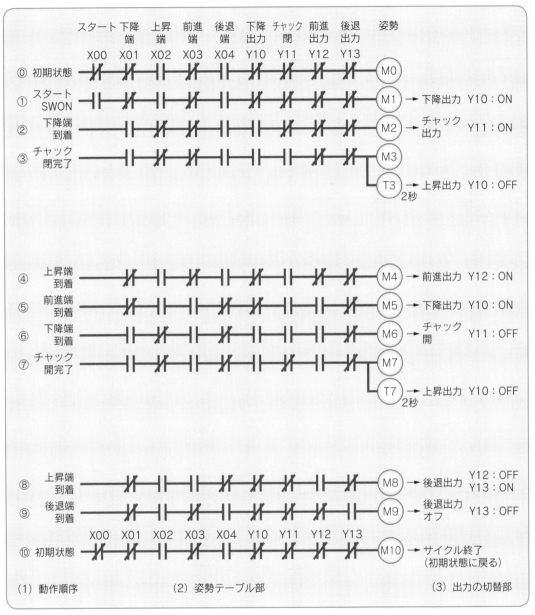

図10 姿勢テーブルと出力の変化

次にそれぞれの姿勢を順にM0〜M10に置き換えてみましょう。そのときに時間遅れのあるものにタイマを追加します。M0〜M10とタイマの接点が出力を切換えるタイミングになります。それらの接点で切り替える出力は図10の（3）の出力の切替部に記載されているとおりです。

出力部のプログラムは1つずつの出力リレーに着目してどの接点でON/OFFするかを順に記載します。

定石 44　機械の姿勢をリミットスイッチで特定できれば姿勢制御型で動かせる

まず、わかりやすいように、簡単なチャック出力の部分からつくってみると、チャック出力のY11はM3でONしてM6でOFFになっていますから、図11のように書けます。

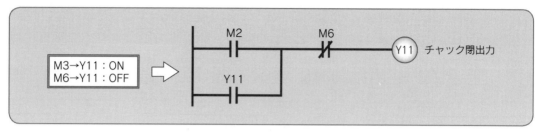

図11　チャックを閉じる出力

あるいは、出力を自己保持にしないのであれば、いったん別の内部リレーM20を使って図12のようにするとよいでしょう。

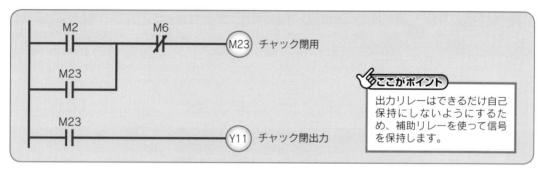

ここがポイント
出力リレーはできるだけ自己保持にしないようにするため、補助リレーを使って信号を保持します。

図12　出力を自己保持にしないように配慮したプログラム

Y12はM4でONにしてM8でOFFにします。Y13はM8でONしてM9でOFFにしますから、図13のようになります。

下降出力Y10の1回目はM1でONしてT3でOFFにします。2回目はM5でONしてT7でOFFにしますから2つの内部リレーを使って図14のようになります。

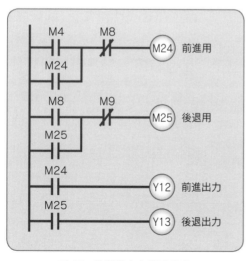

図13　前進出力と後退出力

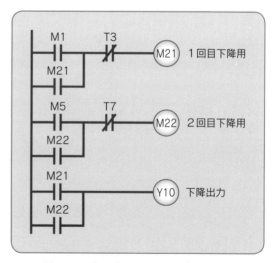

図14　二度下降するためのプログラム

完成したプログラムは図15のようになります。

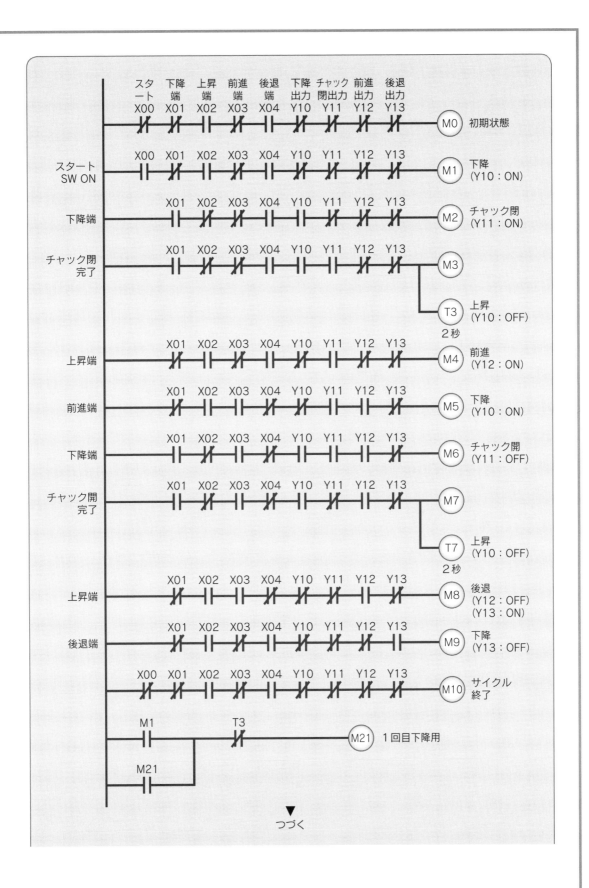

定石44 機械の姿勢をリミットスイッチで特定できれば姿勢制御型で動かせる

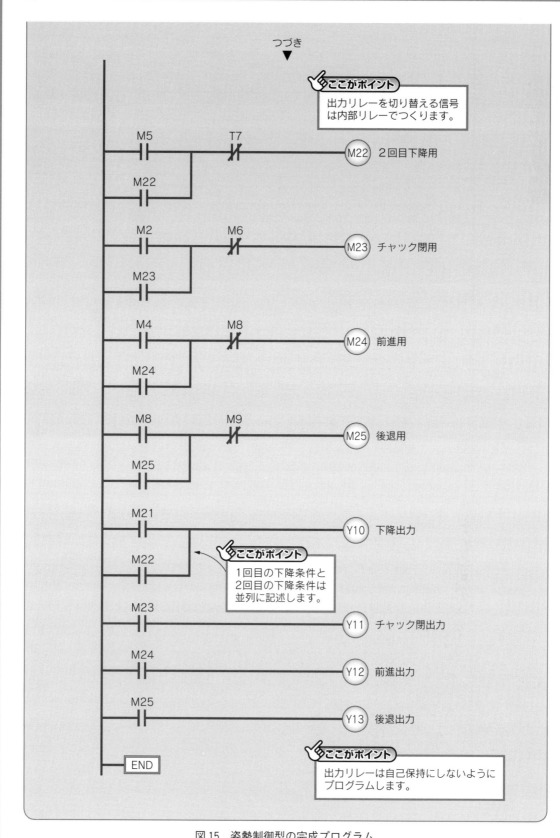

図15　姿勢制御型の完成プログラム

制御方式 4

定石 45

イベント制御型は動作中信号をスタート条件に追加する

シーケンス制御を行う機械装置は決まった動作順序で1ステップずつ動作するので、動作中の機械が何番目の状態になっているのかがわかれば、そのときに切り替える出力を指定できます。出力を切り替えれば、また機械の状態が次の状態に1ステップずつ変化します。機械の状態を順番に記述して、何番目の状態にあるのかがわかるようにして出力を切り替える方法がイベント制御型の制御方式です。

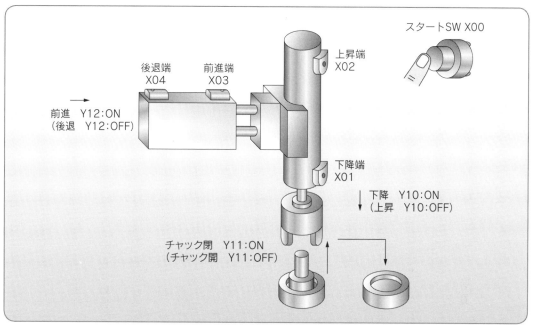

図1　システム図

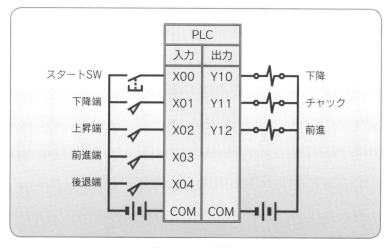

図2　PLC 配線図

① 下降
② チャック閉
③ 上昇
④ 前進
⑤ 下降
⑥ チャック開
⑦ 上昇
⑧ 後退

図3　動作順序

定石 45　イベント制御型は動作中信号をスタート条件に追加する

(1) イベント制御型の特徴

　イベント制御型は動作順序をつくって、次の状態に移ったら1つ前の状態信号を消して行く制御方式です。
　たとえば図4のようにスタートSWを押したら下降して下降端で上昇するのであれば、スタートを押した状態（状態1）、下降端に到着した状態（状態2）、上昇して元に戻った状態（状態3）の3つの状態があります。

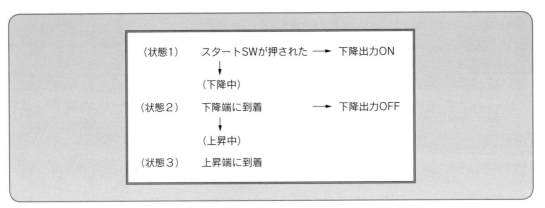

図4　1往復の3つの状態

　この3つの状態をイベント制御型のプログラムにすると図5のようなプログラムになります。イベント制御型では、状態のリレーはいずれか1つしかONにならないように制御されます。

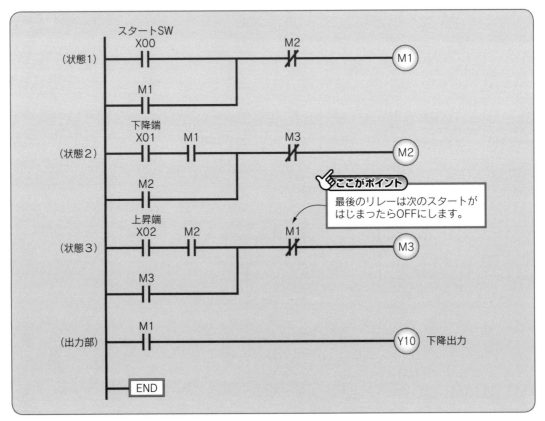

図5　1往復のイベント制御型プログラム

この場合、状態のリレーはM1、M2、M3の3つです。スタートSWが押されると、状態1のM1がONします。M1で下降出力がONになると、シリンダが下降して、状態2に移行します。すると、M2がONになり、M2のb接点でM1がOFFになります。

　状態3になってM3がONになると、M2が切れるということになります。その結果、M1、M2、M3のうちいずれか1つしかONになりません。出力は状態を表すM1、M2、M3を使って制御します。このように順番にON/OFFする状態のリレーの接点を使って、出力を制御する方法がイベント制御型です。

(2) 図1のシステムのイベント制御型のプログラム

　図1のピック&プレイスユニットを図3の動作順序に従って動かすイベント制御型のプログラムの状態部は図6のようになります。

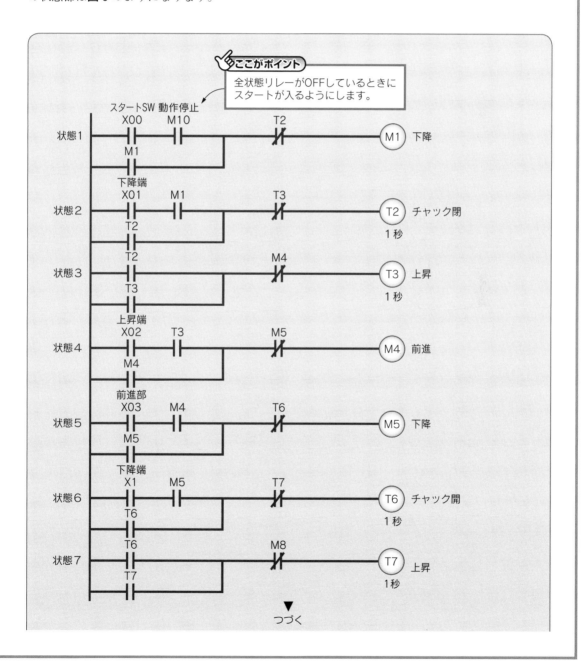

定石45　イベント制御型は動作中信号をスタート条件に追加する

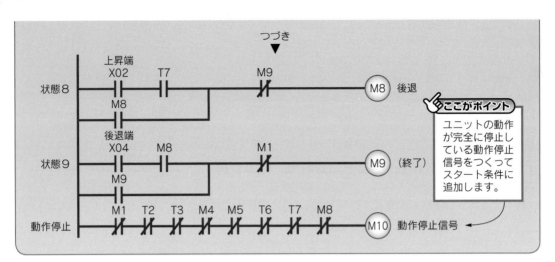

図6　イベント制御型のプログラム（状態部）

（3）出力部のプログラム

図6の中の内部リレーMとタイマTでつくった状態を使って出力を制御するプログラムは図7のようになります。

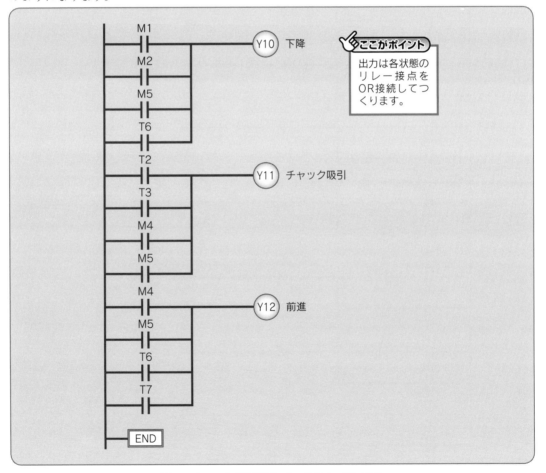

図7　イベント制御型のプログラム（出力部）

制御方式 5 / 定石 46

きっちり順序制御をつくるには状態遷移型を使う

状態遷移型の制御方式は、機械装置を順序通りに動作させる方法のひとつで、スタート信号が入ってから機械の状態を1つひとつ記憶してゆき、その記憶を使って出力を切り替える方法です。人が機械を操作するときにも、人が機械の状態を見ながら記憶をつくって、その記憶と機械の状態で次の出力を切り替える判断をしていますが、ちょうどこのときに行っている方法に似ています。

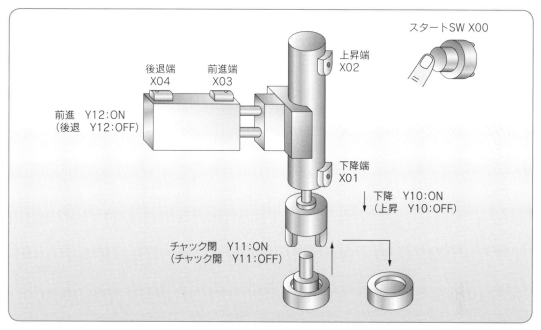

図1　システム図

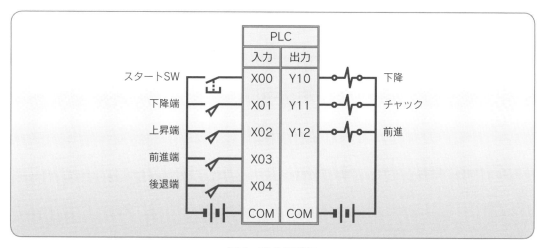

図2　PLC配線図

定石 46 きっちり順序制御をつくるには状態遷移型を使う

(1) 状態遷移型の特徴

人が機械の操作を手動で行うときには、状態の視認と記憶を使って出力を切り替える方法をとっています。状態遷移型のプログラムは人が行う操作方法に似たプログラム構造で、機械の動作順序を1つひとつ記憶してゆく方法です。

説明を簡単にするため、図1の中の上下シリンダだけが1往復する動作を1サイクル動作する例をつかって説明することにします。

制御の最初の記憶はスタートSWが押されたという信号を記憶することです。作業者がスタートSWを押したら、1サイクルが完了するまでスタートSWが押されたことは記憶しているでしょう。この記憶を内部リレーM1を使ってつくってみると図3にようになります。

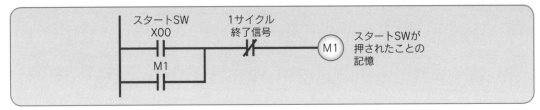

図3 スタートが入った記憶

M1がOFFのとき、機械は初期状態で停止しています。M1がONになった瞬間は、機械はまだ停止していますが、スタートSWが押されたという記憶をもっています。言いかえるとM1がONしたということは、何も操作していない機械の初期状態から一歩進み、スタートSWが押された状態に変化したということになるのです。この変化のことを「状態の遷移」と呼びます。

つまり、このM1という内部リレーは機械の状態を表わすリレーに相当していると考えられます。初期状態からM1がONになった状態に遷移したときにシリンダを下降させるプログラムは、図4にようになります。

図4 シリンダを下降させるプログラム

下降出力がONになると機械はどのように変化するでしょうか。シリンダが下降を開始すると、それまでONになっていた上昇端X02がOFFになり、その後、下降端X01がONに変化します。すなわち変化する信号はX02とX01です。その2つのうち、次の上昇動作に必要なタイミングは下降端に達したときの信号X01であり、上昇端X02の信号の変化は利用しないことになります。そこで、下降出力を出した後の記憶は、下降端に達したときの信号X01でつくればよいことになります。この記憶は必ずM1の後に発生するので ┤M1├ を使って順序を付けて図5のようにします。

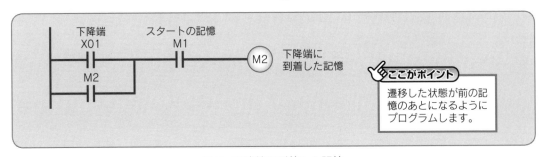

> **ここがポイント**
> 遷移した状態が前の記憶のあとになるようにプログラムします。

図5 下降端に到着した記憶

下降端に到着したら下がり切るまで少し時間待ちをするために、図6のプログラムをつくります。

図6　時間待ちのプログラム

T3の接点が切り替わったときにシリンダを上昇します。シリンダの駆動には、シングルソレノイドバルブを使っているので上昇するには下降出力Y10をOFFにします。そこで図4でつくったY10の下降出力プログラムを図7のように修正します。

図7　Y10の下降出力プログラムを修正

タイマT3の接点が切り替わると、図7のプログラムで下降出力がOFFになってシリンダが上昇します。上昇した結果、上昇端X2がONすると、1往復動作が完了したことになります。上昇端に到着したときの状態をリレーM4を使ってつくってみると図8のようになります。このM4の状態はT3の後に起こり、上昇端X2で自己保持にします。

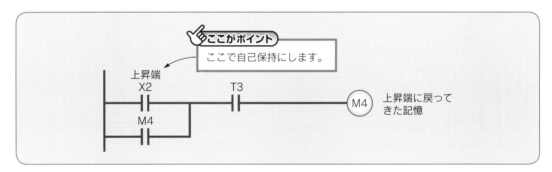

図8　上昇端に戻った信号

このM4がONになったときに1サイクルが完了したことになります。このM4の接点でスタートの記憶を消すことにすると、図3のM1のプログラムを修正して図9のようになります。

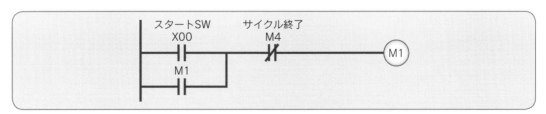

図9　図3のプログラムの修正

定石46 きっちり順序制御をつくるには状態遷移型を使う

ここまでのプログラムをまとめて書くと**図10**のようになります。

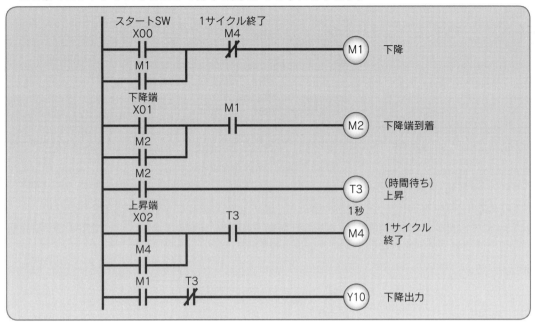

図10 状態遷移型によるシリンダの1往復プログラム

このプログラムはフローチャートを使って表現すると**図11**のようになります。**図12**はこれを簡易的な流れ図で表現したものです。

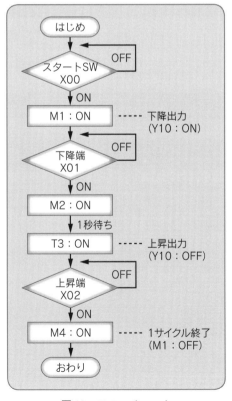

図11 フローチャート

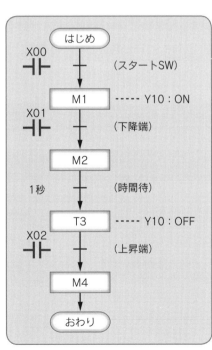

図12 フローチャートの簡易表現

(2) 状態遷移型によるシステムの制御プログラムのつくり方

図1のシステムの1サイクルの動作をフローチャートの簡易表現で書くと図22（172頁）のようになります。この動作順序を記述したフローチャートを使って順序制御部のプログラムをつくってみます。

(2)-1　図22①の部分のプログラム

この部分は次のようにプログラムで記述できます。

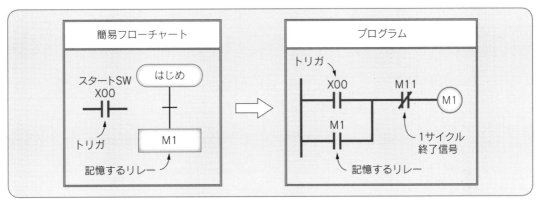

図13　フローチャートの簡易表現からプログラムにする

はじめの部分では X00 がONするとM0が自己保持になるようにプログラムします。これはスタートSW（X00）がONした情報をM0に記憶することになります。スタートしたという情報の記憶は1サイクル動作が完了した時点で不要になるので、1サイクル終了信号のM11で自己保持を解除します。

X00はM1に情報を記憶するトリガ信号として使われ、1サイクル終了信号M11がその記憶を消し去るタイミング信号と考えることができます。

(2)-2　図22②の部分のプログラム

②の部分はM1の状態から X01 のトリガが入ってM2の状態に移行したと考えることができるので、**図14**のようにプログラムで記述できます。

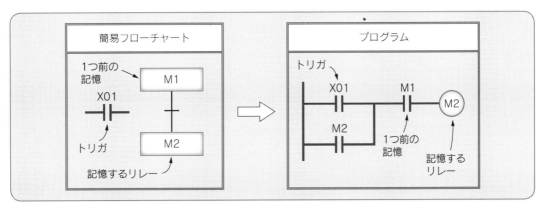

図14　トリガが入ってM2の状態に移行

M2に移行するのは1つ前の状態であるM1がONになっていなくてはならないので、M1をM2の自己保持回路の成立条件とします。

このフローチャートのパターンは②だけでなく、⑤、⑥、⑦、⑩、⑪でも同じ形になっているの

定石46 きっちり順序制御をつくるには状態遷移型を使う

で、このパターンがでてきたら同様のプログラムで記述できることになります。このパターンを一般化すると図15のようになります。

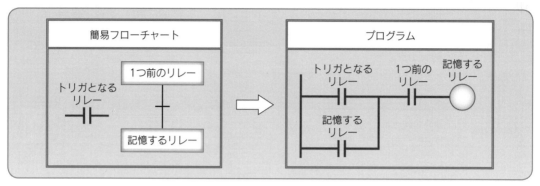

図15　状態が遷移するときのパターン

(2)-3　図22③の部分のプログラム
　　③の部分はM2の状態から1秒間経過するとT3の状態に移ることを意味しています。

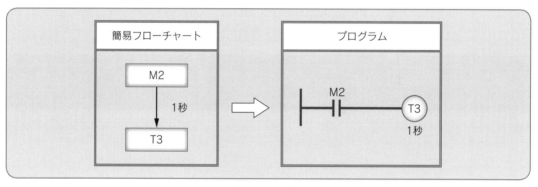

図16　時間経過のプログラム

　1秒間経過したことはタイマを使えば検出できます。M2の状態になった信号 ―| |― でタイマ ―( )― をONにすると、T3の設定時間後にタイマ接点 ―| |― が切り替わります。
　タイマにはコイルと接点があります。タイマで状態を表わすときにはコイルではなくタイマの接点の状態を使います。このフローチャートのパターンは③だけでなく、④、⑧、⑨でも使われています。一般化すると図17のようになります。

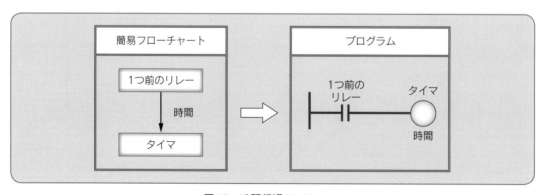

図17　時間経過のパターン

(2)-4　図22の出力部のプログラム

　出力リレーを制御するには、上記(2)-1～4でつくった状態を表わすリレーの接点を使います。M1の状態になったときにY10をONして下降するなら**図18**のようにします。

図18　M1でY10をONして下降するプログラム

T4の接点がONしたときに、下降出力を切って上昇するなら**図19**のようにします。

図19　M1で下降してT4で上昇するプログラム

　タイマT3の状態を表わす信号はT3の接点ですから、T3の状態になったらチャックを閉じるプログラムは**図20**のようにします。

図20　チャックを閉じるプログラム

　さらにT8でチャックを開くのであれば、T8の接点でY11をOFFにするから**図21**のようにプログラムします。

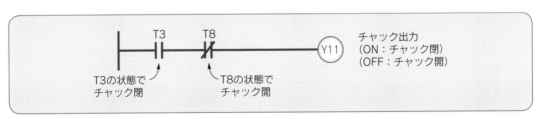

図21　T3で閉じてT8でチャックを開くプログラム

定石 46 きっちり順序制御をつくるには状態遷移型を使う

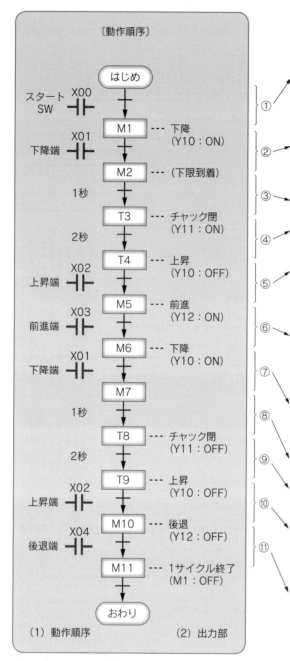

図22 システムの動作順序とフローチャートの簡易表現

(1) 動作順序　(2) 出力部

(3) 状態遷移型のプログラム

ピック＆プレイスユニットの全動作をプログラムにすると図23の〔順序制御部〕のようになり、出力は図23の〔出力部〕ようにプログラムできます。

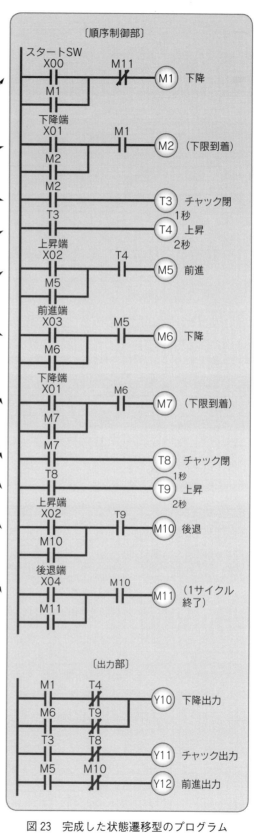

図23 完成した状態遷移型のプログラム

索　引 (五十音順)

[数・あ行]

1サイクル動作 …………… 55
1軸ユニット …………… 118
イベント制御型プログラム
　……………………… 100
インデックステーブル …… 98
インバータ ……………… 45
裏返しユニット ………… 92
エスカレータ …………… 73
エスケープシリンダ …… 58
オールリセット ………… 14
押さえシリンダ ………… 65

[か　行]

カウンタ ………………… 74
カウンタのリセット …… 76
角度分割機構 …………… 16
加工シリンダ …………… 64
カシメユニット ………… 54
クランクスライダ ……… 62
クランクメカニズム …… 37
クレビスシリンダ ……… 20
原位置信号 …………… 147
原点不良 ……………… 132
刻印作業 ………………… 47
コンベアモータ ………… 43

[さ　行]

サイクルスタート ……… 50
三相交流モータ ………… 45
時間制御型 …………… 149

姿勢制御型のプログラム … 80
姿勢テーブル ………… 156
自動運転開始信号 ……… 54
出力インターロック …… 91
手動操作スイッチ ……… 24
状態遷移型のプログラム … 84
真空チャック …………… 24
ストップランプ ………… 22
ストロークエンド ……… 67
ストローク信号 ……… 119
スプラインシャフト …… 25
スライド付きレバー …… 17
制御信号のタイムチャート
　……………………… 152
切断ユニット …………… 22
センサの立上りパルス … 48
先端ワーク無し不良 … 137

[た　行]

立上りパルス ………… 145
タイマ ………………… 153
立下りパルス ………… 145
動作待ちの状態 ………… 28
ドグ ……………………… 99
トレー供給コンベア …… 84
トレー整列ユニット …… 84
トレー送出ユニット …… 85

[な・は行]

ナット …………………… 25
入力インターロック …… 35
パトライト ……………… 27

パレタイザ型ストッカー 106
パレット交換完了ランプ 107
パレットセンサ ………… 43
ビジー信号 …………… 121
非常停止スイッチ ……… 23
ピック＆プレイスユニット
　……………………… 154
フリッカ ………………… 30
不良検出プログラム … 131
不良信号の処理 ……… 133
分岐コンベア …………… 51
ベルト送り装置 ………… 67
ポジション番号 ……… 118
ポジション番号の選択 … 119

[ま・ら・わ行]

末端減速メカニズム …… 37
満杯センサ ……………… 30
モメンタリスイッチ …… 12
ラチェット ……………… 67
レバースライダメカニズム
　………………………… 37
ロータリエアアクチュエータ
　………………………… 17
ロボシリンダ ………… 118
ロボットプログラム … 118
ワークエスケープメント … 58
ワーク押出しユニット … 51
ワークカウントセンサ … 14
ワーク検査プログラム … 57
ワークセット ………… 113

著者略歴

熊谷 英樹（くまがい　ひでき）

1981 年　慶應義塾大学工学部電気工学科卒業。
1983 年　慶應義塾大学大学院電気工学専攻修了。住友商事株式会社入社。
1988 年　株式会社新興技術研究所入社。
現在、株式会社新興技術研究所専務取締役、日本教育企画株式会社代表取締役。神奈川大学非常勤講師、山梨県産業技術短期大学校非常勤講師、自動化推進協会理事、高齢・障害・求職者雇用支援機構非常勤講師。

主な著書
「ゼロからはじめるシーケンス制御」日刊工業新聞社、2001 年
「必携　シーケンス制御プログラム定石集―機構図付き」日刊工業新聞社、2003 年
「ゼロからはじめるシーケンスプログラム」日刊工業新聞社、2006 年
「絵とき「PLC 制御」基礎のきそ」日刊工業新聞社、2007 年
「MATLAB と実験でわかるはじめての自動制御」日刊工業新聞社、2008 年
「新・実践自動化機構図解集―ものづくりの要素と機械システム」日刊工業新聞社、2010 年
「実務に役立つ自動機設計 ABC」日刊工業新聞社、2010 年
「基礎からの自動制御と実装テクニック」技術評論社、2011 年
「トコトンやさしいシーケンス制御の本」日刊工業新聞社、2012 年
「熊谷英樹のシーケンス道場　シーケンス制御プログラムの極意」日刊工業新聞社、2014 年、ほか多数

NDC 548

必携 シーケンス制御プログラム定石集 Part2
──機構図付き──

2015 年 11 月 30 日　初版 1 刷発行
2025 年 3 月 28 日　初版 9 刷発行

ⓒ著　者	熊谷英樹	
発行者	井水治博	
発行所	日刊工業新聞社　〒103-8548 東京都中央区日本橋小網町14番1号	
	書籍編集部　　電話 03-5644-7490	
	販売・管理部　電話 03-5644-7403　FAX 03-5644-7400	
	URL　　　　　https://pub.nikkan.co.jp/	
	e-mail　　　　info_shuppan@nikkan.tech	
	振替口座　　　00190-2-186076	

企画・編集　　エム編集事務所
印刷・製本　　美研プリンティング(株)

●定価はカバーに表示してあります

2015 Printed in Japan　　　　　　　　　　　　　　　　落丁・乱丁本はお取り替えいたします。
ISBN 978-4-526-07477-6 C3053
本書の無断複写は、著作権法上の例外を除き、禁じられています。

● 日刊工業新聞社の好評図書 ●

今日からモノ知りシリーズ
トコトンやさしいシーケンス制御の本

熊谷英樹・戸川敏寿　著
定価（本体1400円＋税）

身の周りにある家電や機械などの機能・動作を裏で支えているシーケンス制御。本書は、シーケンス制御を数式や難解な用語の使用を極力避け、イラストや図表を使ってわかりやすく解説する。シーケンス制御を構成する機器（スイッチ、センサ、出力機器など）も取り上げている。

ゼロからはじめるシーケンスプログラム

熊谷英樹　著
定価（本体2400円＋税）

PLC（プログラマブルコントローラ）を利用するシーケンスプログラム作成のための入門書。第1編は基本ラダー図の作成やプログラムの手順・規則などを解説、第2編は実務に直結したシーケンスプログラム作成のコツを紹介する。

必携　シーケンス制御プログラム定石集 ―機構図付き―

熊谷英樹　著
定価（本体2500円＋税）

生産現場でよく使われるシーケンス制御を選び出し、定石集としてまとめた。機構図、電気回路、制御プログラムにより構成。基本制御の初級編から実用テクニックの中級編、さらにシステム構築編まで70定石を収録。

ゼロからはじめるシーケンス制御

熊谷英樹　著
定価（本体2200円＋税）

シーケンス回路の組立から応用のきくプログラミング手法まで、図解によりわかりやすく解説した入門書。ハードウエア編、プログラミング基礎編、ラダー図作成編による、ステップを踏んだ構成で入門者のレベル向上が図れる。